費波納契的兔子

50個改變歷史的數學大觀念

亞當・哈特－戴維斯（Adam Hart-Davis）／著
畢馨云／譯

費波納契的兔子

50 個改變歷史的數學大觀念

作　　者：亞當・哈特－戴維斯
翻　　譯：畢馨云
主　　編：黃正綱
資深編輯：魏靖儀
美術編輯：余　瑄
行政編輯：吳怡慧

發行人：熊曉鴿
執行長：李永適
印務經理：蔡佩欣
發行經理：曾雪琪
圖書企畫：陳俞初

出版者：大石國際文化有限公司
地址：新北市汐止區新台五路一段 97 號
14 樓之 10
電話：（02）2697-1600
傳真：（02）8797-1736
印刷：博創印藝文化事業有限公司
2023 年（民 112）9 月初版五刷
定價：新臺幣 380 元／港幣 127 元
本書正體中文版由 Elwin Street Production Limited 授權大石國際文化有限公司出版

ISBN：978-986-99563-7-6(平裝)
＊本書如有破損、缺頁、裝訂錯誤，
請寄回本公司更換
總代理：大和書報圖書股份有限公司
地址：新北市新莊區五工五路 2 號
電話：（02）8990-2588
傳真：（02）2299-7900

國家圖書館出版品預行編目（CIP）資料

費波納契的兔子 : 50 個改變歷史的數學大發現 / 亞當‧哈特 - 戴維斯著 ; 畢馨云譯 . -- 初版四刷 . -- 新北市 : 大石國際文化有限公司 , 民 110.11
176 頁 ; 15.2× 21 公分
譯自 : Fibonacci's rabbits and 49 other discoveries that revolutionized mathematics
ISBN 978-986-99563-7-6(平裝)
1. 數學 2. 通俗作品

310　　　109018719

費波納契的兔子

50個改變歷史的數學大觀念

亞當・哈特－戴維斯（Adam Hart-Davis）／著
畢馨云／譯

Boulder Media 大石文化

目錄

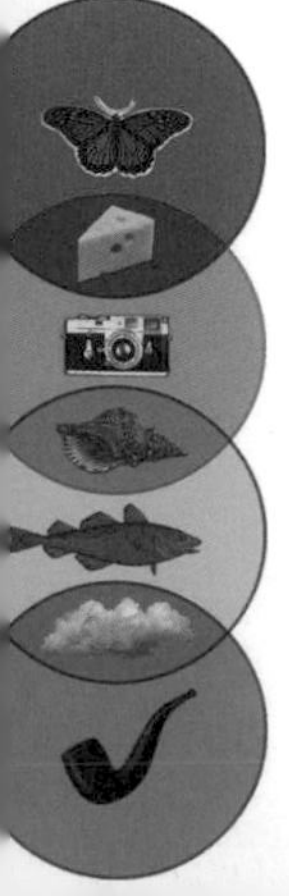

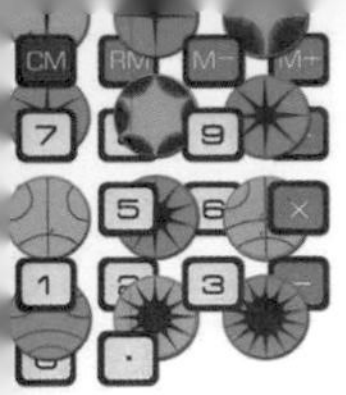

前言

數學不像其他的科學，有自己的模式與微妙之處。數學並不依附物質世界，不依鉛的重量、天空的蔚藍或火藥的可燃性而定。數學的進展往往出自純粹的洞察力與邏輯，而且一直到不久前，數學家幾乎只需要紙筆就能編織出奇蹟。

實驗已經顯示許多動物，如烏鴉、老鼠、黑猩猩等等，可以數算到非常大的數目。因此似乎可以合理假定，早期人類即使不用手指頭，也擁有類似的計數本能。

畢達哥拉斯（Pythagoras）是最早的數學先驅之一，他在公元前571年出生於希臘的薩摩斯島（Samos），最後在義大利南部的克羅托內（Crotona）創辦了一個古怪的數學學派，他的門徒不許吃豆子、碰白羽毛，或在陽光下「撒尿」。他並沒有發明那個關於斜邊上正方形面積的著名定理（$x^2+y^2=z^2$），而是給出了證明。事實上，他引進了證明（proof）的概念，這是數學的基本宗旨之一。在數學上，證明就是一切，而科學不能證明一件事情的正確性；科學家可以駁倒某些想法，但永遠無法證明這些想法絕對正確。

證明是費馬最後定理的關鍵特徵。皮耶．費馬（Pierre de Fermat）是個法國律師，他讀到一段討論畢氏定理的文字時，在旁邊批註說，$x^n + y^n = z^n$這個方程式在n大於2時沒有整數解。他寫道：「我已經找到一個很漂亮的證明，可是這裡的空白處寫不下。」在他1665年去世的時候，有人發現了這則眉批，接下來330年間，許多傑出數學家想盡辦法找出他的證明，但沒有找到。後來在1995年，安德魯．懷爾斯（Andrew Wiles）終於解開難題——只不過，懷爾斯的證明篇幅長達150頁，所用到的數學方法在費馬的時代還無人知曉。所以，我們可能永遠不會知道費馬是否說對了。

數學往往適合當作謎題，在1202年的一本書《計算之書》（Liber Abaci）中，比薩的雷奧納多（Leonardo of Pisa，人稱費波納契〔Fibonacci〕）就用了一道謎題，引進一個非常有趣的數列。他請讀者想像一對小兔子，牠們一個月後就發育為成兔，然後會生出一對小兔子，這對小兔子也會在一個月後長為成兔然後繁殖下一代。現在要問：「在每個月的月底，會有多少對兔子？」結果發現答案是1, 1, 2, 3, 5, 8, 13, 21, 34, ...。由於它是把前兩個相鄰的數相加得出下一項，所以這個數列可以永無止境繼續下去。費波納契數列裡的數字，在自然界到處可見。花瓣的數目經常是3、5或8瓣；松果上的鱗片通常排列成8條呈順時針旋轉的螺線和13條呈逆時針的螺線。費波納契非常聰明，阿拉伯數字系統也是他得知後，引進到西方世界的。

如果沒有這些，後來的數學先鋒絕對不會得到他們的發現。沒有費波納契，牛頓（Newton）與萊布尼茲（Leibniz）就不會想出微積分。倘若微積分從未發明出來，歐拉（Euler）、高斯（Gauss）、拉格朗日（Lagrange）、巴斯卡（Pascal）的許多想法就不會出現，而他們的想法又對伽羅瓦（Galois）、龐加萊（Poincaré）、圖靈（Turing）、米爾札哈尼（Mirzakhani）等人的研究工作至關重要。此外，當然也就不會有費馬最後定理的證明。

就像費波納契的兔子與費波納契數列一樣，所有這些數學發現都建立在先前的基礎上，變得愈來愈壯大，未來還會繼續變大。

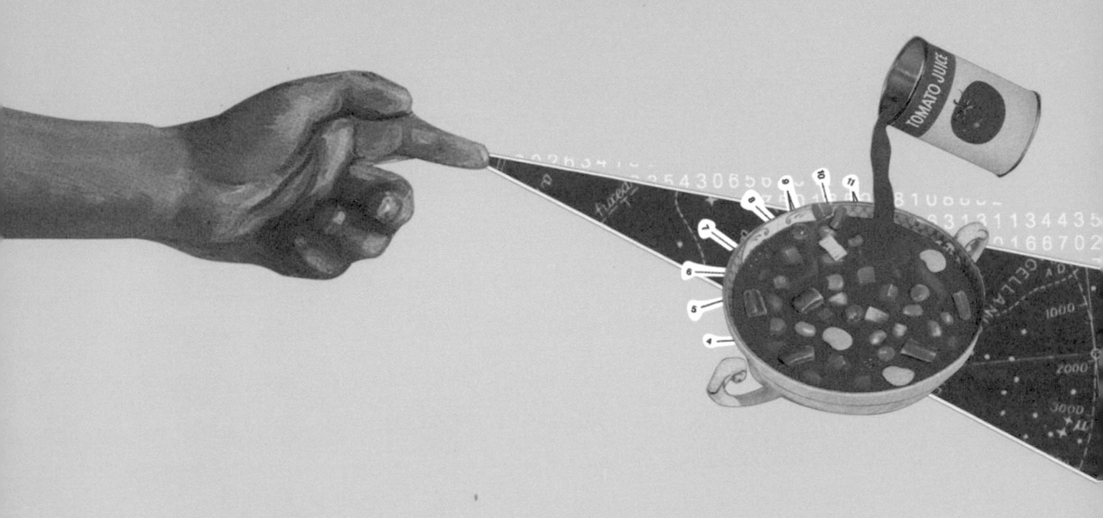

第1章：摸索：公元前2萬年－公元前400年

沒有人知道數學始於何時，或在什麼時候發現的。下面這個哲學問題年代久遠：究竟數學是人發明的，還是全都在宇宙裡等人去發現？許多動物可以從一數到四或五，而且看來即使最原始的人類也一定能估算出自己家人的人數或一群動物的數目。靠手指頭計數，幾乎是我們的第二天性；利用小木棍或計數木條這類的算籌，只是再進一步而已。

從單純的實際問題邁向抽象的概念，必然是邁了一大步。由

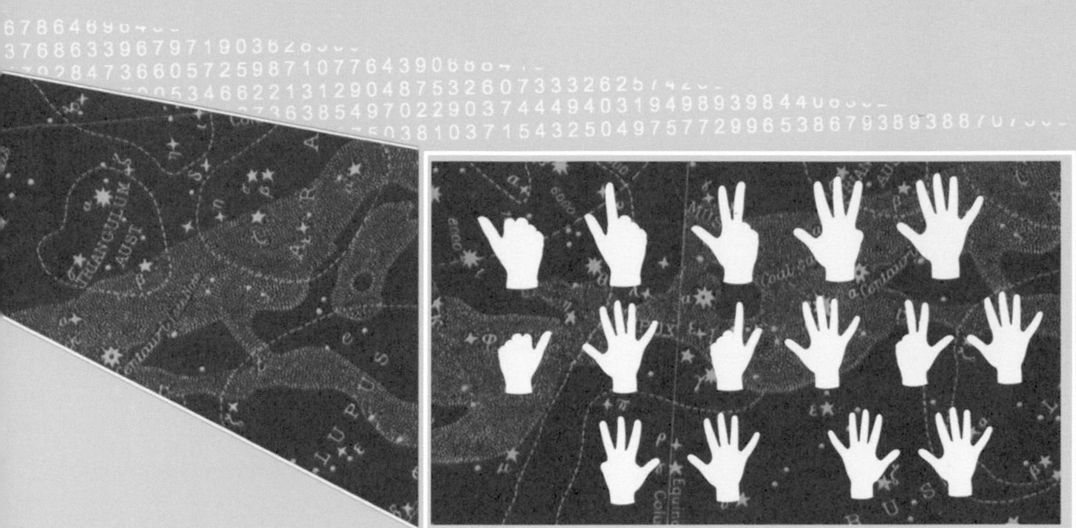

於希臘文明興起之前並沒有文字紀錄，因此這個早期階段大部分是不復存在的；希臘文明在地中海周邊的城邦蓬勃發展，尤其是克羅托內、雅典和亞歷山卓（Alexandria）。最早的希臘哲學家之一泰利斯（Thales of Miletus），曾預測出一次日食，這個天文事件令當時的人驚嘆不已，據說還終止了一場戰爭。我們不知道泰利斯究竟是如何預測到的，但很可能與數學脫不了關係。

約公元前2萬年

相關的數學家：
古代人類

結論：
早期人類的計數方式是在骨頭上留下刻痕。

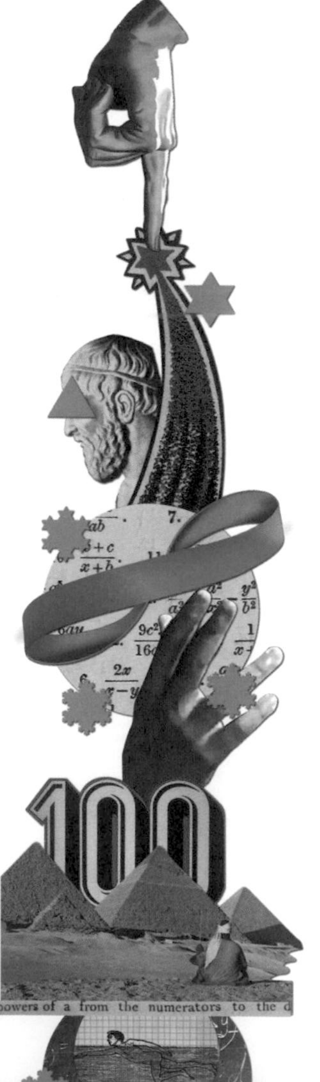

伊尚戈骨上面有什麼？

最早的計數證據

地球上生命的古代史寫在化石紀錄中——化石是保存在岩石裡、在岩石裡找到或挖出的古代生命形式的遺骸。骨頭比軟組織堅硬，所以更常保存下來。

有一些古代的骨頭可能也留有數學開端的證據。這些骨頭上面有古代人類畫下的刻痕，表示好幾千年前就開始使用各種計數系統了。

列朋波骨

1970年代，考古學家在列朋波山脈（Lebombo Mountains，位於南非和史瓦濟蘭之間）的一個洞穴中，發現了列朋波骨（Lebombo bone）。這根8公分長的狒狒腓骨（小腿骨），有4萬4000年的歷史，上面有29道刻痕，不多也不少。它可能只是充當量尺，不過那29道刻痕顯示，它也有可能是一個陰曆本。

也許生活在那裡的人每到新月之時就要集會或舉行慶典，祈求月亮重生。月相盈虧變化大約29天循環一次，因此擁有刻著29道刻痕的骨頭的人，就可以預測下次新月會在什麼時候。然而，這根骨頭的其中一端顯然斷了；原本也許有超過29道刻痕。

伊尚戈骨

伊尚戈（Ishango）位於剛果民主共和國的維龍加國家公園（Virunga National Park）裡，是尼羅河的發源地之一。1960年，比利時探險家讓・安澤蘭・布羅庫爾（Jean de Heinzelin de Braucourt, 1920–1998）在這裡發現一根很細的棕色骨頭，後來證實那也是狒狒的腓骨。它有10公分長，大小跟一枝鉛筆差不多，有塊石英固定在其中一端，所以看上去像書寫或抄寫用具。不過，它上面有一連串整齊的刻痕，顯然是刻意刻上去的。

伊尚戈骨上面的刻痕

據估計，伊尚戈骨大概有2萬年的歷史，上面有三排刮痕或刻痕。這些刻痕清楚分成幾組，看起來代表數字。最上排有7, 5, 5, 10, 8, 4, 6, 3（總數是48），第二排有9, 19, 21, 11（總數是60），最下排有19, 17, 13, 11（總數是60）。

對拆計數木條

最初大家認為這根骨頭是計數木條（tally stick，或譯符木）。像這樣的木條，經常有人發現，看起來是幫助記憶之用（當作喚起記憶的東西）。

對拆的計數木條通常是榛木製成的，會用在財務交易上。首先，用一連串的刻痕記錄金額，然後把木條拆成一半，這樣每一半的上面就有所有的刻痕，雙方都能把交易記錄下來。

陰曆本

還有一種可能是，這根骨頭是月相的半年曆。月亮的四分之一週期大約是七天——從滿月到半月，從半月到新月，以此類推。最上排或許是某個人嘗試逐一記下各個四分之一週期裡的所有夜晚，而伊尚戈一帶有可能在大部分時候雲量偏多，讓觀測變得困難。

早期數學的證據？

學者對這些數字的重要意義爭論了60年。安澤蘭・布羅庫爾最初推想，這些數字構成某種算術遊戲，有些人則想到，由於各排的總數是60和48，都是12的倍數，所以有可能形成十二進位制（用12當底數來計數）的基礎。

若從右讀到左，最上排依次是三道刻痕，然後加倍到六道刻痕，接著是四道然後加倍成八道，後面是十，再減半成五。第二排和第三排的刻痕數目都是奇數。第二排的刻痕數依次是(10 - 1), (20 - 1), (20 + 1) 及 (10 + 1)。第三排有四組刻痕，各有一個質數；事實上，四組的數目恰好是介於10與20之間的所有質數。2萬年前的人已經懂得質數的概念了嗎？似乎不大可能。數學史家彼得・洛德曼（Peter Rudman）推測，人類要到大約2500年前才了解質數，而除法的概念似乎可追溯到1萬年前。這些數目的含義雖不清楚，但如果沒有計數方面的這些初步發展，我們所知道的數學可能就不會存在。

為什麼我們數到「10」？

數字的起源

約公元前2萬年－公元前3400年

相關的數學家：
古代人類

結論：
我們所使用的印度－阿拉伯數字勝過其他許多數字系統。

計數就是用貼標籤的方式，找出一堆物件的數目，例如一句話裡有多少字，或盤子上有多少堅果。當物件分散在不同的時間或空間，譬如下了一整天的雨，或散布在荒野中的綿羊，那麼使用畫記（tally）系統，好比紙上的記號或木條上的刻痕，或許會更容易。

列朋波骨（參見前一個單元）及其他計數木條都間接表示，人類在4萬4000年前就開始使用這樣的計數系統了。他們或許已經數出族人的人數、放牧的牲畜數或敵人的人數。

不用言語的計數

手指是很好的畫記系統。如果盤子上的堅果不到十粒，你可以把一根指頭放在每粒堅果的旁邊或上面，看看用到多少根手指。這表示你不用擔心「五」或「七」的概念，甚至根本就不必為數字的觀念發愁。你只需要注意左手中指所指到的堅果。

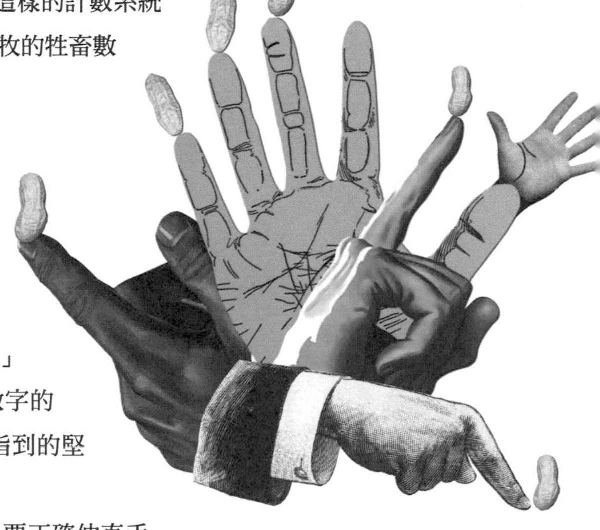

甚至不必開口形容堅果的數目；你只要正確伸直手指就行了。在許多文化中，代表單一物件的符號很像我們的「一」，這很可能就是伸直一根手指的象徵。如果你走進今天都柏林的任何一間酒吧，舉起一根手指，你就會喝到一杯健力士黑啤酒。

新的數字系統

我們不知道人類究竟從什麼時候開始使用言語交談，但有可能在開始使用語言後不久，就替數字創造出詞彙，即使計數的形式只有「一」、「二」、「非常多」。

在伊朗的札格洛斯山脈（Zagros Mountains），發現了6000多年前用來記錄動物數目的陶籌。一個上面刻了加號的陶籌，代表一隻綿羊；兩個同樣的陶籌，就代表兩隻綿羊。有一個不同的陶籌代表十隻綿羊；還有另一個陶籌代表十隻山羊。這些最早期的計數與數字表示方式，都沒有用到畫記。

第一批抽象的數字似乎是在公元前3100年左右，由居住在美索不達米亞（現今伊拉克的一部分）的蘇美人寫下的。蘇美人採用的是60為底數的計數方式（參見下一個單元），而且針對幾種不同的事物用不同的數字系統，好比計數動物或測量有不同的用語，很像今天日本人的做法。

埃及人在公元前3000年左右，發展出自己的書寫數字，這套系統和羅馬數字很像，用不同的符號代表10的各個次方（1, 10, 100等等）。最特別的是，埃及人的數字系統使用到分數，由形狀像「開口」的象形文字來表示。這個新的發展很可能是實際需求促成的，譬如為了解決多人平分食物的問題。

中國數字、羅馬數字與阿拉伯數字

中國的數學家與商人在2500多年前，就開始採用小木棍（稱為「籌」）來計數和做計算。每根木棍表示不同的數值，端看所擺的位置，以及是直著擺或橫著擺。需要用到零的時候，他們就留個空位。有時他們會用紅色木棍表示正數，黑色木棍表示負數——或是用三角形截面的木棍代表負數。

羅馬數字是從刻在木片、骨頭或石頭上的刻痕，這個原始系統演變出來的。I, II, III, IV, V, VI, VII, VIII, IX, X這些符號代表一到十；這些數字都是直線構成的，所以很容易雕刻。L代表50，M代表1000，也很容易，但C代表100，D代表500，就比較難處理。羅馬數字沒有辦法做計算：試一試CMIX乘上IV，而不是909×4。

在公元6世紀，印度人把他們的數字系統簡化，並編碼成類似現在我們所用的十進位值系統。這套系統是從幾種更早的數字系統演變而來的，這些系統可追溯到公元前3000年左右。阿拉伯人在9世紀時，又把印度人的系統納入他們自己的數字系統，包括使用零來當作占位符號。

這些數碼在計算方面更能基於直覺，主要是因為在位值系統中，數碼會根據在數字裡的位置，代表不同的值。舉例來說，9可以指190當中的九個十，也可以指907當中的九個百。這套系統簡單明瞭，比當時歐洲仍在使用的羅馬數字進步非常多。1202年，費波納契在他的《計算之書》中用拉丁文向歐洲人介紹了這套數字系統（見第57頁），這正是我們現在會有「阿拉伯」數字1到10的原因。

約公元前2700年

相關的數學家：

蘇美人

結論：

我們今天使用的許多數字來自古代蘇美人的數字系統。

為什麼一分鐘有60秒？

蘇美人的六十進位制

我們生活在十進位的世界裡，這是個充滿十、百、千、萬、億等美好概數的世界。既然如此，為什麼我們還會有那麼多基本單位，如劃分一天的小時、劃分一小時的分鐘、劃分一個圓周的度等等，根據的是可被6整除的數，如12, 60, 360呢？這只是尷尬的歷史遺留物嗎？或是還有別的原因？

楔形數字

六十進位制（sexagesimal system）起源自4000到5000年前，位於美索不達米亞的古代蘇美文明。蘇美人的數學也許是古代世界裡最複雜的。數學在其他文明中可能也發展得一樣好，但因為蘇美人把他們的數學寫在泥板上，因此我們知道他們是數學高手。

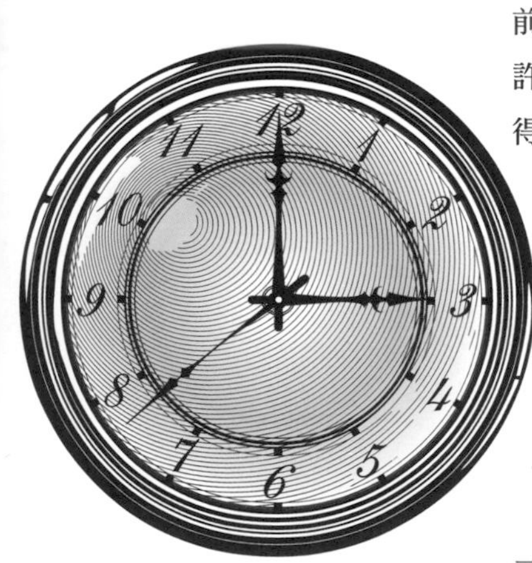

蘇美人發展出最早期的書寫系統之一，為了記錄語言和數學，他們用一種叫做尖筆（stylus）的枝條，在溼軟泥板上刻出楔形記號。接們讓泥板在陽光下晒乾變硬，他們的訊息就永久保存下來了。楔形文字的英文cuneiform，正是從「楔形」的拉丁文cuneus衍生出來的。他們用向下記號與帶有一個角度的記號的簡單組合來表示數字。一個向下記號代表一，一個單位，兩個記號代表二，三個記號代表三，以此類推。不過，向下記號的安排方式會讓代表的數字有可能是一、60或3600。介於中間的數字，會表示成60的倍數，所以124會是兩個代表60的記號加上四個單位記號。

為什麼是60？

因此，這個系統有點像羅馬數字，但底數是60而不是10。不過，為什麼是60？這個問題數學家想了很久，都沒有推測出可靠的答案。第4世紀時，席昂（Theon of Alexandria）提出的理由是，60是可被1, 2, 3, 4, 5整除，因而有最多因數的最小數字。但還有其他的數字也有很多因數。

奧裔美國科學史家奧圖．諾格鮑爾（Otto Neugebauer）認為，60是從蘇美人的度量衡產生的，可以讓物品很容易平分成三份、兩份、四份和五份。有些人卻認為，可能先有數字系統，才產生度量系統，而不是反過來。

還有一些人覺得答案與星星有關。古時候的夜空非常清朗，而且夜裡沒什麼事可做。蘇美人是狂熱的觀星者，會在天空中尋找圖案，編出了最早的星座名稱。那些星星成了他們的曆書——星星的圖案每天晚上都會略微移動，一年後就會回到原位。

蘇美人利用這種方法，算出一年有365天。19世紀時的德國數學家莫里茲．康托（Moritz Cantor），判斷蘇美人是把天數無條件捨去到360，也就促成了他們的底數60——把360除以6（把一個圓周分成六份也很容易）。這種說法的確看似合理，一年360天也方便分成12個月，每個月30天，而且或許可以解釋為什麼今天我們會規定一個圓周等於360度。不過，這只是猜測。

它可能只是指算（finger counting）產生的結果。然而有證據顯示，居住在美索不達米亞的人採用的指算方式不大一樣。首先，用其中一隻手的拇指，計數其他四根手指的指節，這樣就會數到12。每數完12，就依序豎直另一隻手

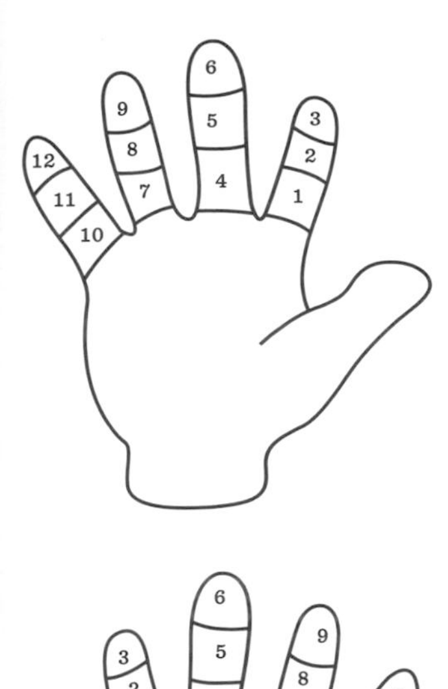

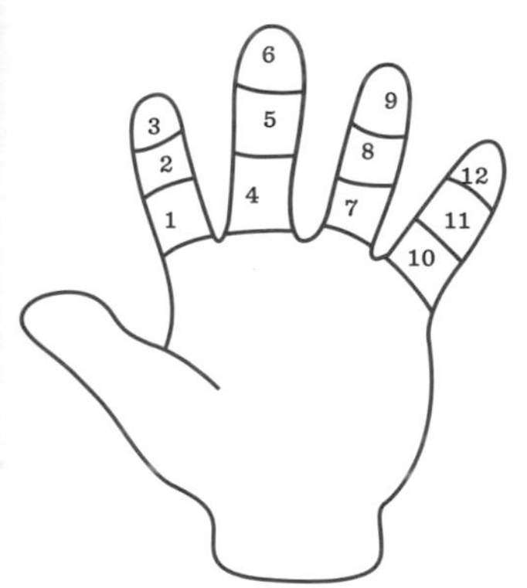

的拇指和其他四指，這樣就是五乘以12，也就是60。一旦你學會了這種指算法，就會覺得十分簡單又迅速。

六十進位制的優點

不管怎麼來的，可整除60的數字很多，多到讓蘇美人在這個基礎上發展出一些很複雜的數學。在2017年，由大衛·曼斯斐（David Mansfield）率領的澳洲數學家團隊宣稱，他們終於破解了名叫普林頓322（Plimpton 322）的巴比倫泥板上面的內容。這塊有3800年歷史的泥板，是真人版「印第安那瓊斯」艾德加·班克斯（Edgar J Banks）一個世紀前在伊拉克發現的，接著賣給紐約出版商喬治·普林頓（George Plimpton），最後遺贈給哥倫比亞大學。

這塊泥板展示了一張用巴比倫人的楔形文字寫成的複雜數字表，曼斯斐和他的同事宣稱，這不僅僅是早期的三角函數表，這張表居然還比現代十進位制的表準確，原因正是用六十進位表示的數字的整除性——60可被3整除，但10不能被3整除。在十進位的系統中，1/2, 1/4, 1/5這些分數很容易寫——分別是0.5, 0.25, 0.2，以此類推。不過，1/3會寫成0.3333，是個永無止境的小數，因而永遠不會精確。

曼斯斐所說的是否正確，還沒有定論，但他們確實凸顯出60這個底數的好處。我們現在徹底習慣了以10為底的十進位制的便利，在乘或除以10的時候只需改變數碼的位置，而且十進位的分數為無數的計算開闢了道路。不過，在時間劃分之類的實用分數上，60的整除性仍具有自己的優點——優勢強到歷久不衰，而其他系統卻是出現了又消失。很少有人認真建議把一天改成10小時，一小時改成10分鐘。用底數60來劃分你的時間，就簡單得多。

可以
化圓為方嗎？

希臘人怎麼對付無理數

約公元前1650年

相關的數學家：
古埃及人、古希臘人

結論：
由於π是超越數，因此化圓為方是不可能辦到的。

古代數學家面對的最古老難題之一，就是化圓為方（squaring of the circle）。如果只用沒有刻度的直尺與圓規，可以作出一個正方形，讓它的面積等於已知圓的面積嗎？歸結起來，這本質上就是在找圓周率π（圓周長與直徑的比率）的精確值。若已知一個半徑是一單位（可以是1毫米或1公里等等）的圓，它的面積會是πr^2，也就等於π個平方單位，而與它等面積的正方形，邊長必須是π的平方根，大約等於1.772個單位。

在古埃及人的萊因德紙草書（Rhind papyrus，見下一個單元）上，處理過這個問題，是用來計算圓形田地的粗略面積。據記載，規則是先把直徑切掉1/9，然後用其餘的直徑長度當正方形的邊長，所形成的正方形面積就與圓的面積相近。這個方法得到的π近似值是256/81，大約是3.16049：與現代的近似值3.14159還算接近。雖然接近，但沒解決化圓為方的問題。化圓為方的競賽，在希臘人的手上才真正開始。

估算π值

已知第一個研究化圓為方問題的希臘人，是公元前440年左右的阿那克薩哥拉（Anaxagoras），當時他囚禁在雅典。幾年後，安提豐（Antiphon）畫了一個圓內接正方形，然後把邊數加倍，變成八邊形，接著又加倍成16邊形，以此類推，一直加到他所算出的多邊形面積，差不多等於那個圓的面積為止。

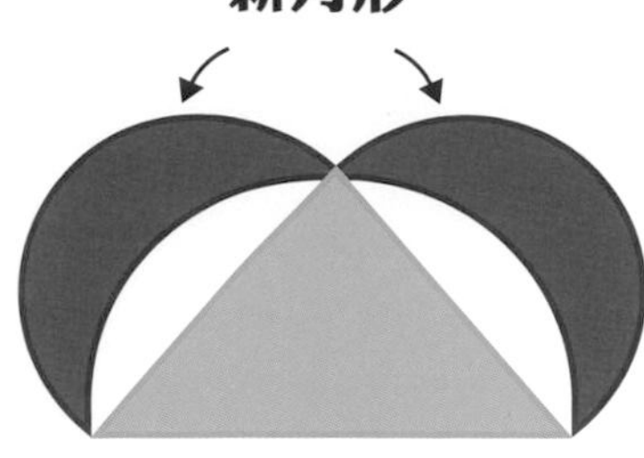

希波克拉底的方法

在此期間，希歐斯的希波克拉底（Hippocrates of Chios，不要跟那位醫師，科斯的希波克拉底〔Hippocrates of Kos〕搞混了）在一個等腰直角三角形的三條邊上，各作出一個半圓，然後說明，兩個新月形（lune，兩圓交疊圍成的區域）相加起來，會等於三角形的面積。接下來他只須作出與那個三角形等面積的正方形——不過他不知道該怎麼做。

這件事不可能做到嗎？

幾個世紀下來，許多數學家嘗試解決這個問題，直到看起來是不可能辦到為止。「化圓為方」的英文square the circle，就漸漸用來形容嘗試做不可能的事情，好比擋住潮水。

在維多利亞時代，用筆名路易斯．卡羅（Lewis Carroll）寫出了《愛麗絲夢遊仙境》的數學家查爾斯．路特維奇．道奇森（Charles Lutwidge Dodgson），喜歡揭穿那些聲稱如何做到化圓為方的假理論，並在1855年的日記裡寫道，他希望寫一本書專談「化圓為方愛好者須知的簡明真相」。

要用尺規作出面積與已知圓相等的正方形，就必須作出長度是$\sqrt{\pi}$的線段。在1837年已經有人證明，線段的長度若是整數、有理數（如3/5）甚至某些無理數，就可以作出來。無理數（irrational number）無法寫成兩個整數的比，所以3/5是有理數，1001/799也是，而2的平方根是無理數。它雖然可以表示成1.4142135623731，但不等於任何兩個整數相除的結果，而且小數點後的數字也不會循環，不像1/7寫成小數後是0.142857142857142857...。然而，儘管2的平方根是無理數，還是能寫成整係數方程式的：$x^2=2$。這讓它成了代數數（algebraic number），而長度是代數數的線段可以用尺規作出來。

超越數

很不幸的，π 不但是無理數，而且還是超越數（transcendental number），意思就是它無法從任何一個這樣的方程式求解出來。德國數學家斐迪南・林德曼（Ferdinand von Lindemann）在1882年證明了 π 是超越數，因此長度等於 π（或它的平方根）的線段無法用尺規作出來。

幾乎所有的實數（real number）都是超越數，但要證明所給的任何一個數是超越數，是非常困難的。在當代數學研究中，有些數還沒有證明出到底是代數數還是超越數。為了證明一個數是超越數，就必須說明它不是任何代數方程式的解。考量到這種具特色的性質，這些數比較少使用在數學上，因為幾乎都非常難運用。

在數論中，林德曼的發現結果經常和同時代的卡爾・懷爾斯特拉斯（Karl Weierstrass）的發現結果合在一起，併成林德曼－懷爾斯特拉斯定理（Lindemann-Weierstrass theorem）。這個定理使用了多個複雜的證明，來給出可證明實數是超越數的方法。我們可以從這個定理直接推知 π 和 e 都是超越數，而這兩個數是迄今為止最常用到的超越數。

林德曼－懷爾斯特拉斯定理證明出 π 是超越數，也就證明了長度為 $\sqrt{\pi}$ 的線段無法用尺規作出來，於是這個來自19世紀數論的結果，解決了一個百年經典幾何問題。他們斷然證明了，化圓為方是不可能做到的。

約公元前1500年

相關的數學家：

古埃及人

結論：

某個偶然的發現讓我們深入了解古埃及人的數學。

使分數變成埃及分數的因素是什麼？

萊因德紙草書與古埃及數學

1858年，年輕的蘇格蘭古物收藏家亞歷山大．萊因德（Alexander Rhind），在路克索（Luxor）的市場裡無意間發現了一卷古埃及的紙草。這卷紙草很可能是非法盜挖來的，在萊因德去世後幾年，就賣給大英博物館了。結果發現，現在大家熟知的萊因德紙草書，是最古老的數學文獻之一，由名叫阿摩塞（Ahmose）的書吏在3550年前從更早的文本抄寫來的。

辨認出上面所有的內容之後，你會發現它很像一本收了84個數學問題的課本。它分成三個部分。第一個部分涵蓋了我們熟悉的領域：算術及代數；第二個部分與幾何有關，最後一部分是五花八門的問題。不可思議的是，萊因德紙草書顯示古埃及人的數字系統是十進位的，而讓我們更覺得熟悉。

古埃及人的分數

不過，古埃及人書寫分數的方式有個很吸引人的顯著差異，這也讓古埃及分數成為現代數論感興趣的課題。古埃及分數的分子永遠是1（2/3是例外），所以如果古埃及人想表達八分之五，他們不會直接寫5/8，而是寫成1/2+1/8這個總和。如今我們把寫成單位分數（unit fraction）之和的分數形式，稱為埃及分數（Egyptian fraction）。

這種寫法有真正的實際優點。想想下面這個問題：假設你有五片披薩，要分給八個人。慣用的分數會告訴你，每個人各分到5/8片披薩。但究竟要怎麼切？這簡直像惡夢一樣。然而有了埃及分數，事情再簡單不過了。正如前面所說的，埃及分數會把5/8表示成1/2+1/8，答案立見分曉：把其中四片披薩對切，變成八個半塊，再把最後一片切成八塊，這樣每人就會拿到1/2 + 1/8塊。事情簡單到彷彿變魔術一般。

但對數論學家來說，問題還沒有結束。後來發現，埃及分數有一些非常有趣的事情。首先，你可以把任何一個小於1的分數表示成埃及分數，其次，你可以把任何一個普通的分數拆成無限多個埃及分數：如3/4 = 1/2 + 1/8 + 1/12 + 1/48 + 1/72 + 1/144 等等。

巧妙的數學

現代數論學家愈探究萊因德紙草書，就愈能領略古埃及數學的巧妙。舉例來說，古埃及人把數相乘的方式是反覆加倍，開始做了之後，就會和二進位的數學非常相似：二進位數學是電腦學的基礎。他們比阿基米德還要早計算圓面積，採用的方法雖然馬馬虎虎，但利用了與現代值誤差不到 0.5% 的 π 值（見前一個單元），而得到堪用的計算結果。

這並不是說古埃及人是數學天才，而是說，陷入習以為常的思維是很容易的，但不同的研究途徑可以帶來新的領悟。

約公元前530年

相關的數學家：
畢達哥拉斯（Pythagoras）

結論：
證明在數學上極其重要，這樣的想法可追溯到畢達哥拉斯和他的著名定理。

證明是什麼？

畢氏定理

在所有的數學定理當中，最著名的應該就是畢氏定理（Pythagoras's theorem）了。它是小孩子都能熟背的少數幾個數學定理之一：「在直角三角形中，斜邊長的平方會等於另外兩邊的平方和。」斜邊是直角三角形中的最長邊，與直角相對，斜邊的英文hypotenuse源自希臘文，意思是拉伸。

不過，這個定理並不是畢達哥拉斯提出來的。此外，我們也很難確定畢達哥拉斯是否真有其人；「畢達哥拉斯」有可能只是信念相近的一群人的名稱。假如真的有畢達哥拉斯這個人，那麼這個定理比他還早一千多年前就登場了。泥板顯示巴比倫人知道這個定理，很可能古埃及人也知道——只需瞧瞧金字塔，你就會看到直角三角形的蹤影。另外，古代中國知道這個定理*，公元前600年左右的古印度文獻《繩經》（Shulba Sutra）也有記載。

（*註：古代中國人把直角三角形的三邊由短到長分別叫做勾、股、弦，據《周髀算經》記載，周代的商高提出了「勾股定理」，因此畢氏定理也常稱為商高定理或勾股定理。）

證明的開端

然而，畢達哥拉斯給出了一個證法。這可能不是第一個證法，而且在他之後又有許多證法——可能比證明其他數學想法的證法還要多。不過，畢達哥拉斯的大名傳開了，理論需要證明的想法也傳開了。的確，證明已經成為數學的基石，尋找證明的過程可能延續好幾個世紀，費馬最後定理就是著名的例子（見第165頁）。

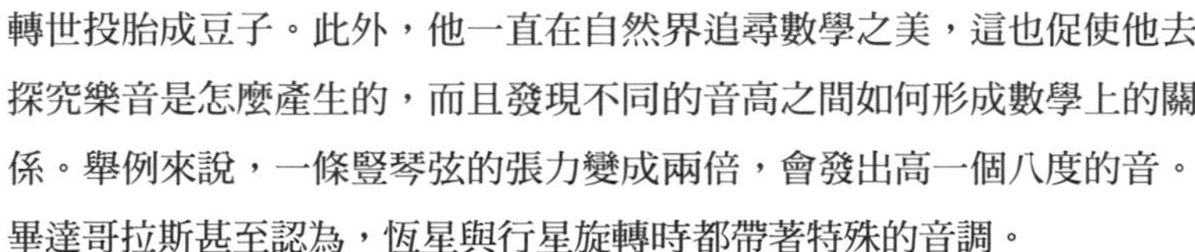

據說畢達哥拉斯相當像嬉皮，在西西里創立了一個公社，他的追隨者必須遵守一些有趣的規定。他們不許碰白色的羽毛，也不得在陽光下「撒尿」。吃豆子也是禁止的；畢達哥拉斯信奉輪迴，顯然擔心自己可能會轉世投胎成豆子。此外，他一直在自然界追尋數學之美，這也促使他去探究樂音是怎麼產生的，而且發現不同的音高之間如何形成數學上的關係。舉例來說，一條豎琴弦的張力變成兩倍，會發出高一個八度的音。畢達哥拉斯甚至認為，恆星與行星旋轉時都帶著特殊的音調。

在世間追尋數學模式的這種精神需求，把他帶往正方形。他把石頭排列成規則的模式，每排小石子數目相同，就可以排成一個正方形，也許是每行每列各排兩個或三個。因此，正方形裡的小石子數目，會等於每邊小石子數的「平方」：二乘二等於四，三乘三等於九，以此類推。

玩形狀

就像擺弄石頭一樣，他可能是在玩形狀的過程中，想出這個關於直角三角形的證明。事實上，為了和其他的證法有所區別，畢達哥拉斯的證法通常就稱為重排證法（proof by rearrangement）。

這個證明很簡單。先在一個大正方形裡，畫一個傾斜了某個角度，且四個角分別碰到大正方形四邊的小正方形。現在，大正方形的四個角落都有一個直角三角形，而小正方形的四邊剛好構成每個三角形的斜邊。

如果把這四個三角形兩兩排在一起，讓兩個三角形的斜邊重合，你就會排出兩個長方形。把這兩個長方形擺進大正方形之後，你會得到兩個新的小正方形，加上剛才那兩個長方形。由於這些三角形的面積沒變，第一種排列中的那個正方形的面積，與第二種排列中的兩個小正方形的面積一定會相等；換句話說，第一種排列中的正方形面積是斜邊的平

歐幾里得的畢氏定理證法

方，第二種排列中的小正方形面積是另外兩邊的平方。所以，斜邊的平方等於另外兩邊的平方。

長遠的影響

這非常簡單且無懈可擊，但畢達哥拉斯之後的數學家想要一個更像數學的證明，而不是把剪下來的形狀簡單重排。在公元前300年所寫的幾何巨著《幾何原本》（Elements）中，歐幾里得利用純理論的幾何邏輯而非重排，給出了更加複雜的證明。他先在直角三角形的各邊畫出一個假想的正方形，接著在正方形與三角形的幾個角之間畫連線，作出假想的全等（也就是完全重合的）三角形。利用這些，他就可以進行一系列的邏輯步驟，推論出這個定理一定是對的。歐幾里得的純理論證法，為日後的幾何證明樹立了典範。

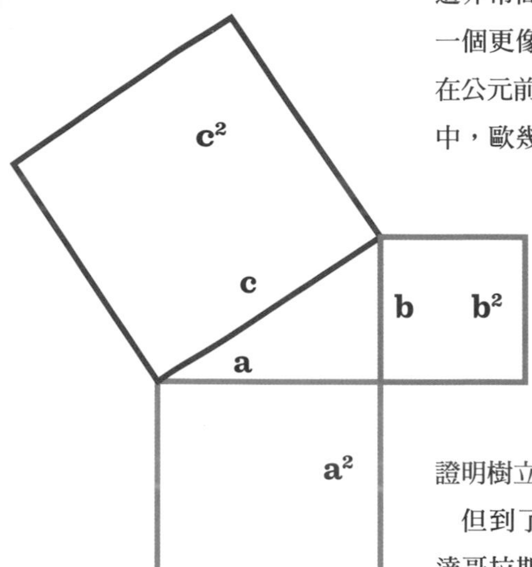

$a^2 + b^2 = c^2$

但到了近代，愛因斯坦想出一個巧妙的證法，也像畢達哥拉斯一樣要切開三角形，不過完全不用重排，而在同時，也有其他數學家提出純代數的證明法。

這個定理也導致無理數（無法表示成兩整數之比的數）的發現。兩條短邊邊長是一單位的直角三角形，斜邊長會是二的平方根，這個發現與畢氏學派認為所有的數都是有理數的信念相牴觸。有個著名的傳說是，證明了二的平方根是無理數的希帕索斯（Hippasus），就因為這個發現而被人淹死了。

除了純數學外，直角三角形還用來測量山的陡峭程度、屋頂的斜度，或用來確保兩面牆成直角相交。畢氏定理的簡樸是最具代表性的，但大概也可說是最重要、使用得最廣泛的數學公式了。

無限大有多大？

非常大與非常小的數學

約公元前400年

相關的數學家：

古希臘人

結論：

古希臘人玩弄無窮，但近代的數學家發現，無窮比任何人想像的還要複雜。

無限大（infinity，或稱無窮）的概念很難理解。由於人類壽命是有限的，又習慣處理具體且有限的事物，我們要如何理解事情會永久持續下去的這個概念？

古希臘人與無窮

有幾位古希臘數學家為無窮的概念絞盡腦汁。歐幾里得證明了質數無限多，亞里斯多德也領悟到時間永不停息，沒有終點。希臘人用apeiron這個字稱呼無窮，意思是「沒有邊際」或無止境。他們比較喜歡處理（小的）整數，所以不喜歡無窮的概念。

哲學家芝諾（Zeno）在公元前5世紀，把無窮的概念用在多個悖論中，就是很有名的例子。其中最著名的是阿基里斯與烏龜悖論，內容說道希臘神話裡大名鼎鼎的戰士阿基里斯與一隻烏龜賽跑。我們假設他在100公尺比賽中，讓烏龜從50公尺處起步。比賽開始後，阿基里斯像子彈一樣衝了出去；他五秒鐘就跑了50公尺，抵達烏龜的起跑點。但在這段時間裡，烏龜也一直在衝刺，或者該說是一步步爬行，爬了半公尺；所以牠現在領先了半公尺。

阿基里斯用了0.05秒跑完這段半公尺的差距，不過烏龜又緩緩往前爬了5毫米，所以仍然領先。實際上，每當阿基里斯跑到烏龜的所在位置，烏龜已經爬到前頭了，像這樣的追趕會進行無數次，每次的差距愈來愈小，因此阿基里斯永遠追不上烏龜。

所有的無限大都一樣大嗎？

1500多年後，義大利科學家伽利略（Galileo）對無窮的大小感到擔憂。它們都一樣大嗎？還是有各種大小？舉例來說，每個整數都有個平方數：$1^2 = 1$, $2^2 = 4$, $3^2 = 9$，以此類推，但大部分的整數不是平方數（如2, 3, 5, 6, 7），因此整數顯然比平方數多。整數有無窮多個，平方數也有無窮多個，所以整數的無窮應該會大於平方數的無窮。不過，每個整數都是某個平方數的平方根，就表示你可以把每個整數與一個平方數配對——換句話說，整數與平方數之間有一一對應（one-to-one correspondence），因此這兩種無窮應該是一樣大的。這就是所謂的伽利略悖論（Galileo's paradox）。

伽利略推斷：「『等於』、『大於』和『小於』這幾個屬性，只適用於有限的量。」

不同大小的無限大

德國數學家蓋歐格·費迪南·路德維希·菲利普·康托（Georg Ferdinand Ludwig Philipp Cantor, 1845–1918）又更進一步，定義了不同大小的無窮。

舉例來說，所有的整數（或自然數）1, 2, 3, 4, ... 構成了一個集合，也有偶數的集合：2, 4, 6, 8等等。偶數可以和整數一一對應：2→1, 4→2, 6→3, 8→4，這就表示偶數是可數的（countable）。此外，偶數的無窮與奇數的無窮及所有整數的無窮是一樣大的。

所有的實數如1.0, 1.1, 1.01, 1.001, 1.0001等等，也構成一個集合。康托證明了實數集合是不可數的（uncountable），因為實數無法與整數一一對應。因此，實數集合比整數集合大，這就產生了下面這個想法：無限集合有很多種大小。直覺上這似乎很明顯，因為1和2之間顯然有無窮多個實數，但康托成功證明了這一點。

科赫雪花

運用無限大

無限大可能很難想像，更難以確切說明，然而數學家必須學著處理——儘管19世紀的德國數學家雷奧波·克羅內克（Leopold Kronecker）堅決認為，無窮的想法太含糊，在數學上無法占一席之地！

舉例來說，微積分必須處理無窮小量——無限小的分割。比方說，並沒有時間停止或事物靜止不動的那一點。要處理這種可無限切割的連續體，唯一的方法就是創造出極限，並假設你感興趣的點落在這些極限之間。同樣的，當你把一個碎形放大，會看到它的結構以更細小的細節反覆出現。序列延伸到無窮遠，更小的細節純粹因為受限於解析度而減少了。

不過，無窮概念的難題讓它一直處於數學思維的最前端，譬如成為數學上的事情是否能證明或不可證明的關注焦點。在庫特·哥德爾（Kurt Gödel）提出不完備定理（參見第142頁）之後，我們似乎應該接受這個想法：數學上不是每件事情到最後都可以得到證明。另一方面，德國數學家大衛·希爾伯特（David Hilbert）在1924年提出了著名的無限大旅館悖論。在希爾伯特的旅館中，無限多間客房都客滿了，但希爾伯特透過一系列的巧妙證明，說明總有辦法找到房間讓無限多位新的客人入住。從直覺來想，這真是胡說八道，已經住滿的旅館怎麼可能找到空房？但這是無窮的悖論，希爾伯特的證明無懈可擊。它就是證明了直覺與常識有可能是錯的……

第2章：問題與解答：公元前399年－公元628年

古希臘人醉心於純數學概念、用直尺與圓規作圖，對幾何學領域特別著迷。然而他們漸漸把注意力轉移到特定的問題上，試圖用已累積出來的數學見解去解決這些問題。

在這些希臘人當中，阿基米德（Archimedes）展現出多方

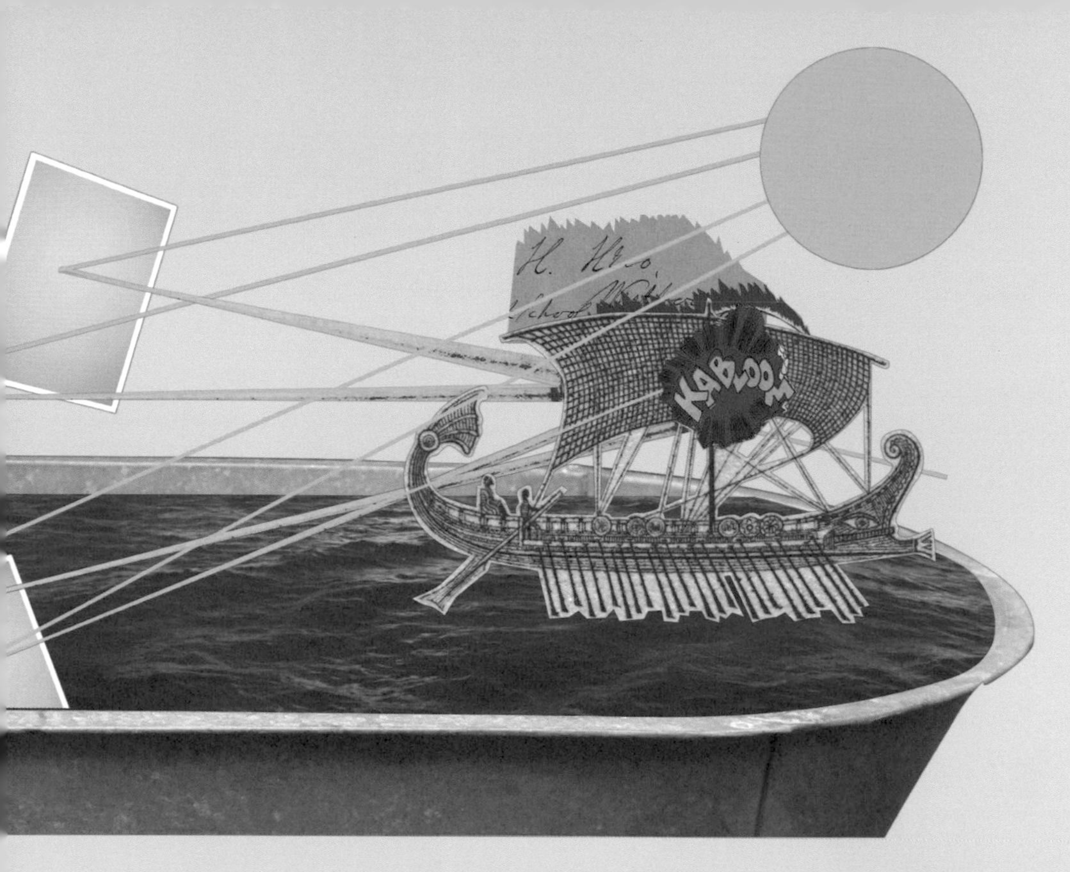

面的才華，從最純粹的數學到最實用的物理與工程學，是最不同凡響的人物之一。其他人跟隨他的腳步，不但增進了他們對周遭世界的認識，對於如何善用這個世界也有更多的了解。

約公元前300年

相關的數學家：
歐幾里得（Euclid）

結論：
歐幾里得彙集眾多數學命題與證明而寫成的大作，清楚明白又合乎邏輯，是一部沿用了2000年的幾何學教科書。

誰需要邏輯？

歐幾里得的《幾何原本》

歐幾里得的巨著《幾何原本》（以下簡稱《原本》）寫於大約2300年前，據說是僅次於《聖經》，在西方最廣泛流傳的書籍。雖然只是一本數學書，卻是多麼了不起的書啊！

原始的教科書

它本質上是幾何學的教科書，幾何學就是關於形狀的數學。它其實不是第一本幾何書，但非常完整，所用的研究方法又非常詳盡，給日後的幾何學提供了基本架構。即使到現在，關於線、點、形狀、立體等平坦表面的幾何學，仍稱為歐氏幾何（Euclidean geometry）。與三角形、正方形、圓、平行線等等有關的必要規則，盡在歐幾里得的書中。

不過如果只是把《原本》當成非常好的課本，那可就錯了；它其實開啟了深入思考世界的新方式。在歐幾里得的思考體系中，世界的運作不僅是眾神一時的心血來潮，而且是遵循自然的法則。它讓我們看到，要如何透過邏輯與演繹推理、證據及證明，而非只憑直覺，去找到通往真理的路。提出理論與證明，是當今所有科學的基礎。

不是只有歐幾里得一個人這麼做。他的成果是數百年來希臘思想家知識積累的集大成，最早可追溯到泰利斯。然而，歐幾里得的作品以持久的力量與精確性，把這些知識彙集在一起。

關於歐幾里得本人，我們知道的不多。事實上，歐幾里得可能就像畢達哥拉斯一樣，不是一個人的名字，而是活躍於亞歷山卓這座新興大城的一群數學老師。亞歷山卓是亞歷山大大帝在埃及地中海沿岸建立的海港城市，第一位統治埃及的希臘國王托勒密（Ptolemy）在那裡設立一座藏書豐富的圖書館之後，它就成了知識重鎮。

實用數學與永恆真理

到了歐幾里得的時代，幾何學已經是發展得非常好的實務技能。前人很早就在應用幾何學算出土地面積，或建造出完美的金字塔。但是，歐幾里得和他的古希臘同胞把這些實務技巧，發展成純理論的體系，把「應用數學」轉變成「純數學」。

這不純粹是學術上的訓練；希臘人的方法是尋找內在真理的有力工具。某一種情況下對於三角形來說是正確的事情，在另一個截然不同的情況下也是對的。泰利斯到了埃及，告訴埃及人怎麼運用相似三角形的方法測量金字塔高和海上船隻的距離，他們聽了之後大感驚訝。

歐幾里得與其他古希臘人把幾何學變成完整的邏輯體系，就讓數學的持久威力爆發出來了。正如歐幾里得讓我們看到的，它隨著證明而來，隨著下面這個想法而來：規則可以從某些假設，或稱為公設（postulate或axiom，又譯公理），如「兩點之間最短的距離是直線」，靠邏輯推導出來。多個假設結合起來，形成某個規則的基本想法，叫做「猜想」，然後必須證明它是對的還是錯的。

歐幾里得的第五公設

歐幾里得《原本》的核心是五個十分重要的公設（公理）：

1.已知兩點之間可以畫出一條直線。

2.這樣的線段可以向兩端無限延長。

3.以任意一點當作圓心，任意長度為半徑，就可以畫出一圓。

4.凡是直角都相等。

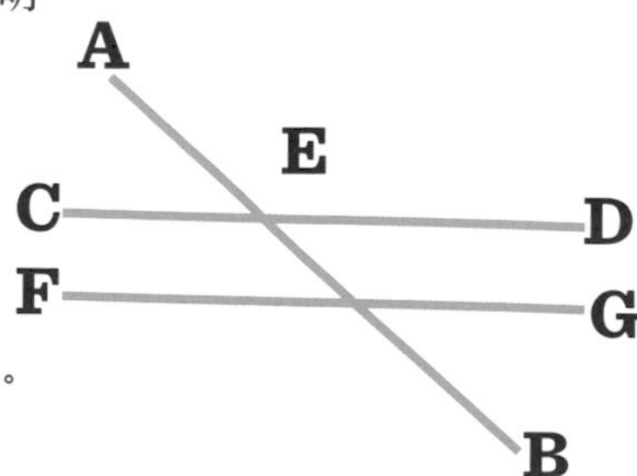

5.如果有一條直線截過另外兩條直線，並且讓同一側的兩個內角加起來小於兩個直角的話，那麼這兩條被截的直線（往這一側）延長之後一定會相交。

前面四個公設在今天聽起來是不辯自明的，但在那個時候不是如此。為基礎事實制定出基本規則，絕對是根本之道。唯有給基礎事實毫無爭議的定義，我們才能把直覺轉化成嚴密的證明，合乎邏輯地進行後續的每一步。

第五公設的問題

第五個公設就不那麼顯而易見了。這個公設有時也稱為平行公設（parallel postulate，又譯平行公理）。它的想法是這樣的：若有第三條直線截過兩條直線，而且所截出的同側內角加起來等於兩個直角，那麼這兩條直線一定會平行。這個公設對所有的基本尺規作圖都很重要，而且有許多實際應用，舉例來說，它對製作火車所行駛的平行線是不可或缺的。

然而歐幾里得有充分的理由，對平行公設存有疑慮。在平坦的二維或三維表面上以及大部分的日常情境中，他的幾何體系運作得非常好，但空間就像地球表面一樣是彎曲的，而且有超過三個維度，包括時間在內。

歐幾里得的平行公設其實就在說，通過已知直線外的一點，只能畫一條直線與已知直線平行。不過如果空間是彎曲而且多維的，那麼就能畫出許多條平行線。這正是19世紀時，由亞諾許・鮑耶（Janos Bolyai）、尼可萊・羅巴切夫斯基（Nikolai Lobachevsky）等數學家開創的「雙曲」幾何背後的思維。

同樣的，按照歐幾里得的幾何體系，三角形的三個內角加起來永遠等於180度——但是畫在一顆球上的三角形，三內角和會大於180度。因此過去兩百年間，數學家開始替超出歐幾里得以外的彎曲多維空間發展新的幾何學，日後這些幾何學成為愛因斯坦廣義相對論背後不可或缺的概念。雖然如此，歐幾里得的著作對於今天日常會遇到的幾何結構仍然很重要。

質數有多少？

歐幾里得的反證法

約公元前**300**年

相關的數學家：
歐幾里得（Euclid）

結論：
質數有無限多個。

對大多數人來說，數字只是說出「數目多寡」的方法，但對數學家而言，數（字）本身就很令人著迷。研究整數的數學領域，數論（number theory），人稱數學中的女王，是對知識最純粹、最抽象的追尋。「質數」（prime number）又是數論領域中的表率，對數論學家有無法抗拒的魅力，從2300年前歐幾里得在他的巨著《原本》談到質數以來就是如此。

打開宇宙之門的數學鑰匙

對許多數學家來說，全盤理解質數是極難做到的事。經常有人把質數形容成數的「原子」，原子是構成一切東西的基本粒子。卡爾．薩根（Carl Sagan）在1985年的科幻小說《接觸未來》（*Contact*）中暗示，質數可能會是我們與外太空智慧生命最好的溝通方式，因為關於質數的知識一定是智慧生命的共通跡象。

質數只有兩個因數，也就是它自己和1。歐幾里得在《原本》第七卷描述數是「多個單元的合成」，意思就是許多個「1」，這大概是關於數的抽象定義當中最容易理解的了。他給質數的定義是「只能用一個單元量盡（measured）」的數——也就是只能用1除，而他不把1當成數。他也把不是質數的數定義成合數（composite number），因為這種數可以從其他質數相乘得出。他還說，完全數（perfect number）是等於自己的因數和的數。

歐幾里得對合數與完全數都作了有趣的評論，但真正改變了遊戲規則的，是他對質數個數的證明。他想知道究竟有多少質數。他證明出質數的數目實際上是無窮盡的，這個漂亮的證法出現在《原本》中的第九卷命題20，標誌著數論的誕生。畢達哥拉斯及其他古希臘數學家雖然也對質數感興趣，但命題20因為用了證明而具開創性，還因此成為歷史進程中關於數的研究的榜樣。

歐幾里得的證法

歐幾里得的證法現在稱為反證法（proof by contradiction），也就是先假設所要證明的敘述的反面是對的，然後進行一系列的邏輯步驟，推論出這個反面敘述不可能成立。

歐幾里得想證明的命題是質數的個數是無限多的，換句話說，他想推論出質數的個數不是有限的。於是他用反證法，先假設質數的個數是有限的，然後開始推論這件事不可能成立。他的反證基於下面這個假設：每個自然數（即正整數）都是質數的乘積。

希臘文原文不大容易讀懂，但要點如下。如果質數的個數是有限的，應該就能全部列出來，從從p_1，p_2，p_3一直列到最大的質數p_n。好了，如果你把列出來的所有質數相乘起來再加上1，會發生什麼事？你不用真的把結果乘出來，只要弄懂邏輯就行了。

產生出來的數不可能是質數，因為它比我們列出的最大質數還要大，所以它必定是合數。但是合數是質數的乘積，因此應該可以被質數整除。然而，拿所有的質數除這個數，都會得到餘數1，所以我們所列的質數並不完整；一定有質數不在我們的清單裡，但這份清單照說是完整的。

最大的質數是哪個數並不重要，結果永遠一樣；總有更大的質數。這個論證有非凡的獨創性，讓無數的數學家受到啟發，去思索類似的邏輯證明和通過數字森林的途徑。

對無限大的無限思索

當然，數學家也嘗試用其他的方法證明質數有無限多個。18世紀時，雷翁哈德．歐拉（Leonhard Euler）提出了一個證明，保羅．艾狄胥（Paul Erdős）在1950年代提出了另一個算術的證法，而美籍以色列數學家荷勒爾．弗斯滕伯格（Hillel Furstenberg）想出一個建立在集合論上的證明。過去十年間，提出來的新證明就超過了六個，包括亞歷山大．沈（Alexander Shen，音譯）在2016年基於資訊理論和「可壓縮狀態」（compressibility states）提出的想法。

儘管質數的個數證明是無限多的，卻沒有阻止數學家不屈不撓尋找質數。比歐幾里得稍微晚一點的古希臘巨擘埃拉托斯特尼（Eratosthenes），想出一種巧妙的數學篩法，可以很快篩去非質數，找出質數，而在19世紀，卡爾．弗里德利希．高斯（Carl Friedrich Gauss）發現一個規律，顯示質數出現的頻率會隨著數字增大而愈變愈低。搜尋仍在進行，但一切都是從歐幾里得開始的。

約公元前250年

相關的數學家：
阿基米德（Archimedes）

結論：
阿基米德利用巧妙的方法算出有用的圓周率估計值。

圓周率是什麼？

找出圓周率π的界限

對幾何學家來說，圓是個令人挫折的東西。直邊的形狀，計算起來乾脆；想知道長方形的面積有多大，把長乘以寬就行了，至於正三角形的面積，就是底和高相乘再除以二。但圓完全不是這麼回事，遇到圓的時候，你必須引進數學領域中數一數二的煩人數字，圓周率 π 。

π問題

π是直徑為1的圓的圓周長，若換個說法，則是任意一個圓的圓周長與直徑的比。這個數聽起來很簡單，實際上卻非常難理解。π的估算已經考倒了歷史上幾位最聰明的數學專家，即使連現代集結眾人之力的運算能力，也沒能算出精確值。

幸好，就大部分的實際用途來說，近似值已經夠用了。古代人已經知道它比3大一點點——換句話說，圓周長是圓直徑的三倍多一點。將近4000年前的巴比倫泥板上暗示，古巴比倫人認為π的值是25/8，也就是3.125，接近現代估計值3.142。從差不多同時期留下來的古埃及萊因德紙草書，則有個16/9的平方數，也就是256/81，大約等於3.16。

古代的天才

古希臘時代的偉大天才阿基米德在公元前250年左右，開始尋找答案。阿基米德一生中一直是傳奇人物，以了不起的發明和科學成就著稱。他比較引人矚目的成就之一，是曾經用一根小型槓桿和他巧妙組合出的滑輪驅動機具，獨自一人讓一艘4000

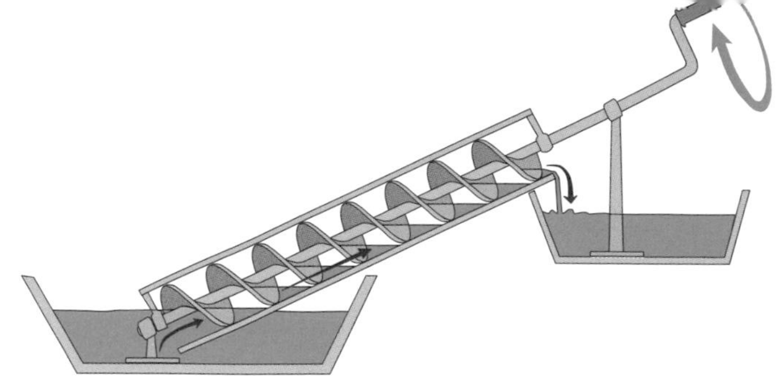

噸重的船敘拉古號（*Syracusa*）下水。設計簡單的阿基米德螺旋抽水機（Archimedes screw），到今天仍使用於灌溉以及抽送污水等黏稠的液體。當然，阿基米德還發現了浮力定律，傳說他大喊「Eureka!」（意思是「我發現了！」），向大家宣布這個消息。

阿基米德的螺旋抽水機

但他也是才氣過人的數學家，就某些方面而言，他的π值計算結果是他最重要的成就之一。之所以重要，是因為阿基米德並沒有嘗試測量圓周率；他是從理論推算的。他的想法是利用「窮盡法」（method of exhaustion），這個方法是哲學家安提豐在大約公元前480年發明的，一個世紀後再由希臘大數學家尤多緒斯（Eudoxus）發揚光大。這個方法的想法，就是要用可知道面積的多邊形逐步填滿很難計算出面積的形狀，以找出這個形狀的面積。首先用大的多邊形，然後用愈來愈小的多邊形填補空隙，直到這個形狀內的空間「窮盡」為止。這只是一種逼近，但所用的多邊形愈小，算得的值就愈準確。這個方法是微積分的先驅。

用六邊形逼近圓

阿基米德就是用這個方法計算出圓周率。阿基米德的筆記很難懂，不過他基本上是這麼做的：首先用圓規畫一個圓，然後他讓圓規張開角度保持不變，在這個圓的圓周上標出六個等距的點。畫出相鄰點之間的線段後，他就作出了一個圓內接正六邊形，而畫出六邊形對角之間的線段

後，就作出了六個邊長等於圓半徑的正三角形。

因此，六邊形的周長一定是圓半徑的六倍，也就是直徑的三倍，這樣我們就已經得到π的近似值3。但是圓的曲線圍繞在六邊形外，所以π的實際值一定比3大。於是阿基米德在六邊形的外邊線上畫了矮胖的小等腰三角形，就作出一個12邊形，不過仍然有空隙，所以他又繼續作了24邊形、48邊形、96邊形。96邊形幾乎與圓無異，給出的近似值是3又10/71，也就是223/71（3.140845）。

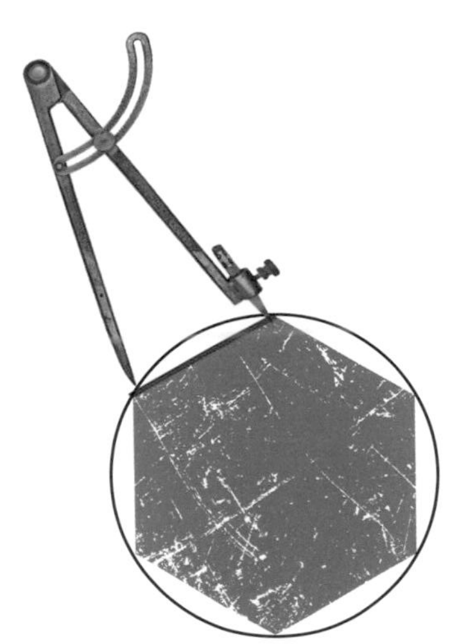

但接下來是阿基米德真正的神來之筆：他也用同樣的步驟畫出圓外切正六邊形，再逐步加倍邊數，一直做到96邊形。這樣算出的近似值是3又10/70，也就是220/70（3.142857）。由於圓夾在中間，因此他可以確定π值介於自己算出的上下兩個值之間。這就會給他一個像3.141851之類的近似值，確實非常非常接近今天的近似值3.14159。當然，阿基米德沒有小數可用，所以大家就取他算出的上界22/7，今天大多數人仍在使用這個近似值。

從阿基米德的時代至今，π值已經計算得更加準確，在電腦強大運算能力的協助下，甚至可以算到小數點後幾兆位。然而仍然沒有盡頭，沒有最終的定數讓我們可以斷然稱為π，因為它是個無理數（見第21頁）。我們只是算出愈來愈接近的近似值，而阿基米德的近似值22/7正是大多數人所需要的。

地球有多大？

太陽、影子與希臘幾何學

約公元前240年

相關的數學家：
埃拉托斯特尼（Eratosthenes）

結論：
埃拉托斯特尼運用巧妙的數學方法，算出地球周長大約是4萬公里。

公元前332年，亞歷山大大帝在埃及尼羅河口建了亞歷山卓這座希臘城市。亞歷山卓旋即成為希臘世界的學習中心，一座令人稱羨的圖書館興建起來了，收藏成千上萬的羊皮或犢皮紙卷。大約在公元前240年，新館長埃拉托斯特尼（Eratosthenes of Cyrene）走馬上任——他就是那位想出找質數方法的數學家（見第37頁）。埃拉托斯特尼是幹勁十足的圖書館長，把文學巨作借來抄寫，然後（奉托勒密之命）歸還抄本，留下原件。

埃拉托斯特尼出生於公元前276年左右，與同時代的阿基米德結為朋友，即使兩人住在地中海的兩端。阿基米德曾寄一首詩給埃拉托斯特尼，內容在描述一個跟母牛和公牛有關的複雜問題，可能也去亞歷山卓拜訪過他。

地理學之父

埃拉托斯特尼是個全才，批評他的人有時會稱呼他「β」（讀作beta，這是第二個希臘字母），因為他在各方面都是第二名。然而他的朋友都稱他「五項全能冠軍」，他不但是數學家，也是詩人和天文學家，還開創了地理學。

他寫了三部地理學著作，在書中繪出全世界的地圖，包括南北極、熱帶地區及兩者間的溫帶地區。他也把400個城市的位置列入其中。

古希臘人已經知道地球是圓的；他們有兩個可靠的證據。第一，船駛離岸邊之後，船身會先漸漸消失，直到最後看不見船桅為止。顯然不只是因為船變得小到看不見，而是越過了地平線，也就代表地球必定是圓的。第二，他們發覺月食是地球的影子造成的，而且這個

影子是弧形的。

測量地球

既然知道地球是球體，埃拉托斯特尼就想弄清楚它的直徑。

位於亞歷山卓南方800公里的城鎮賽恩（Syene，今天的亞斯文），鄰近埃及與今天蘇丹的邊界。在這裡，位於尼羅河中的大象島（Elephantine Island）有一口井。埃拉托斯特尼知道，在仲夏正午時分朝井底看，可以看到太陽的倒影，除非被自己的頭的影子擋住。這一定就代表這個時候太陽剛好位於頭頂。這口井現在還在，但可惜已經乾涸，堆滿了碎石。

人在亞歷山卓的埃拉托斯特尼，在地上豎立了一個日圭（竿子），仲夏中午的時候測量太陽的角度，或者更應該說是竿子和竿影邊緣的夾角；測量出來是7.2°，也就是右頁圖中的角A。

這個角會等於角A*，因為這兩個角正好是平行線之間的內錯角。角A*是亞歷山卓與賽恩兩城與地心連線的夾角，所以埃拉托斯特尼可以做下面這個簡單的計算：

亞歷山卓與賽恩的夾角＝7.2°

亞歷山卓與賽恩的距離＝800公里

從亞歷山卓出發繞地球一圈再回到亞歷山卓的角=360°＝50×7.2°

因此，繞地球一周的距離＝50×800＝40,000公里。亞歷山卓到賽恩的距離是由計步官（受過訓練可用規律速度步行並記錄步數的測量員）丈量出來的，而且埃拉托斯特尼採用的長度單位是斯塔德（stade），不是公里。我們不清楚斯塔德的確切長度，但就我們所知道的，他的地球周長估計值很接近今天的準確值40,072公里。

埃拉托斯特尼在計算過程中假設賽恩位於北回歸線上，而且在亞歷山卓的正南方，還假設地球是個正球體。這些假設都不精準，儘管如此，有人在2012年利用更準確的數據重做實驗，得出的結果是40,074公里。

埃拉托斯特尼接著算出地軸的傾斜角度（約23°），還發明了閏日（今天的2月29日）。他打造了一個渾天儀——這是個展示太陽、月球及其他天體圍繞地球的軌跡的模型。他也（不很準確地）計算出我們與太陽的距離，以及太陽的直徑。很遺憾的是，他在許多學術領域上的大部分著作，都因為公元前48年一場焚毀亞歷山卓圖書館的大火而佚失了。

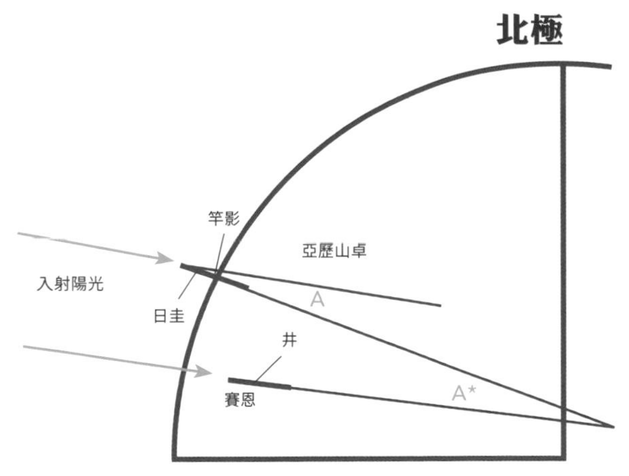

約公元**250**年

相關的數學家：
丟番圖
（Diophantus of Alexandria）

結論：
丟番圖可能是第一個用符號（如x）代表數的人。

代數之父活到多大年紀？

把字母使用在總和中

丟番圖（Diophantus of Alexandria）是相當神祕的人物，我們不清楚他在世的年代，只能推測他出生於第3世紀初，活躍於公元250年前後。

他似乎是第一個為解方程式而用字母代表數的人，因此得到「代數之父」的尊稱。他盡可能使用整數，但又不接受簡單分數也是數。

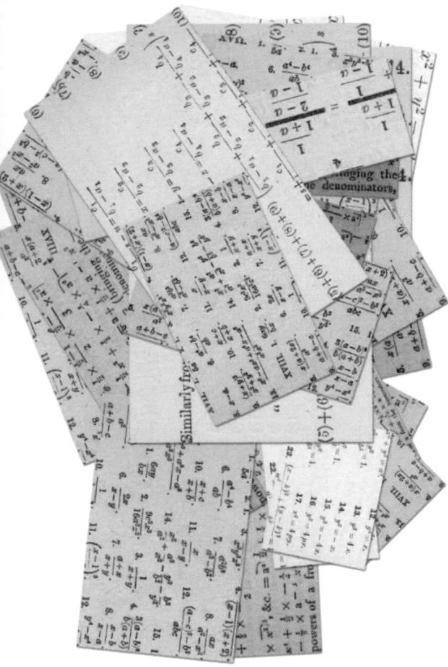

活到多大年紀？

公元500年的《希臘詩選》（*Greek Anthology*）收錄了一道關於丟番圖幾歲去世的謎題：「他的少年期占了一生的1/6；接下來的1/12歲月裡，他的鬍子長出來了；在隨後1/7的人生，他娶了妻子，五年後生下兒子；兒子活到了父親一半歲數，比父親早四年去世。」

解這道謎題的其中一個方法是利用他的代數，也就是寫出一個丟番圖方程式（Diophantine equation）。

令x為他活到的歲數，那麼我們就可以根據題意，寫出

$$x = x/6 + x/12 + x/7 + 5 + x/2 + 4$$

這個方程式解出來的結果是：$9x = 756$，也就是$x = 84$。

還有一個解題方法，是認清丟番圖只喜歡用整數。由此可知，他的歲數一定可被12和7整除；$12 \times 7 = 84$。把這個數代回題目驗算一下，結果絲毫不差。

《算術》

丟番圖寫了一部巨著《算術》（*Arithmetica*），共有13

卷，但只有六卷留存下來。書中描述了130個問題，並提供數值解。

《算術》是談論代數的第一部重要著作，不僅對希臘數學有極大的影響，對阿拉伯數學及後來的西方數學也有重大的影響。丟番圖除了用符號代表未知量，還使用了表示「相等」的符號（但不是我們所用的等號「=」，等號的發明要感謝英國數學家羅伯·雷科德〔Robert Recorde〕）。

丟番圖的方程式大多是二次的，等式裡有以某種形式出現的x^2和x。對我們來說，這樣的方程式有兩個解。譬如這個方程式

$x^2 + 2x = 3$

可以解出

$x = 1$或$x = -3$

但是丟番圖從來沒有費神找出超過一個解（或「根」），而且可能也忽略負數，認為負數沒有意義或不合理。若把數字當成用來計數東西的基數（cardinal number），這是合乎邏輯的；沒有-3顆蘋果這樣的量。不僅如此，他也沒有零的概念。

儘管有這些小缺點，丟番圖實質上為代數奠定了基礎，同時在數論方面也做出重大的進展。某位法國數學家讀到《算術》之後，竟讓他聲名大噪。

費馬最後定理

丟番圖去世幾百年之後，《算術》將激起數學上最著名的定理之一。費馬出生於1607年，是法國土魯斯高等法院的律師，也是有才華的業餘數學家。他在數學上做出幾個重大的進展，他提出的猜想大多證明是對的。

丟番圖在《算術》中討論到畢氏定理（見第26頁）。這是在說以下的方程式：

$x^2 + y^2 = z^2$

有無限多組整數解。費馬在他這本《算術》的頁邊空白處（用拉丁文）寫下：

> *一個立方數不可能寫成兩個立方數的和，一個四次方數也不可能寫成兩個四次方數的和，或者推廣到一般情況下，一個大於二次的任意次方數，都不可能寫成兩個同樣方數的和。*

換句話說，費馬把畢氏方程式延伸到

$x^n + y^n = z^n$

並且斷言，這個方程式在n大於2時沒有整數解。接著他寫道：「針對這個命題我有絕妙的論證，這裡的空白處太窄，寫不下。」

費馬在大約1637年寫下這段文字，但沒有發表，也沒有告訴任何人。他習慣做這樣的斷言又不提出證明，而且通常是對的。他在1665年去世，他的兒子在1670年把他的筆記集結出版，結果全世界數學家的目光都落在這個問題上，開始尋找證明。這個惱人的小謎題，就是後來眾所周知的費馬最後定理（Fermat's Last Theorem）。

懸賞了無數的解題獎金，也有無數的錯誤答案提交了，數學家仍忙著解題。直到1994年，英國數學家懷爾斯和這個難題纏鬥30年之後，終於提出了篇幅很長的複雜解答（見第165頁）。

懷爾斯用到了一些費馬可能還不知道的高等近代數學，那麼費馬是不是真的有絕妙的論證呢？我們可能永遠不會知道。

空無是什麼？

零的概念

公元628年

相關的數學家：
婆羅摩笈多（Brahmagupta）

結論：
早期數學家沒有零是數字的概念，即使有些人採用了位值系統，並用零的符號當作占位符號。

「零」的英文zero源自阿拉伯文sifr，意思是「空的」。費波納契把十進位制引進歐洲的時候，把sifr這個字翻譯成zephyrum，後來衍變成義大利文zefiro，威尼斯人又把它簡寫成zero。

我們現在用的是一種位值（place-value）系統；321這幾個符號代表三個百，兩個十，一個一：總數是三百二十一。每個數碼的值，由它在數字串裡的位置來決定。公元500年時，梵文天文學著作《阿耶波多曆算書》（*Aryabhatiya*）給位值系統下了定義，因此「每從一個位置換到下個位置會變成原來的十倍」。

零是數目嗎？

零很獨特。有時候它是一個數目，就像「碗裡有多少顆蘋果？」這個問題的回答可以是「零顆（或沒有）」，這個零就是數目。有時它又是一個占位符號，例如203這個數目裡的零；那個零是在說明沒有十位。少了這個占位符號，這個數目就會是23。那個零占據了十位的位置。

幾千年來，沒有人需要零；計數東西、人數或天數都用不到零。如果你有三顆堅果，拿走了三顆，就一顆也不剩了，根本不需要一個數。用來標記事物的序數，譬如隊伍中的第一個，或這個月的第二個星期四，也不需要零。

古希臘人沒有零，他們對於空無是不是數目感到困擾；空無一物怎麼可能是有意義的東西？他們用字母表裡的字母代表數碼，但到公元130年，學者托勒密（Ptolemy）在他的《天文學大成》（*Almagest*）書中，用了一個像ō這樣的符號代表零。

包括巴比倫人和埃及人在內的幾個古代文明曾發展出位值系統，他們就用了代表零的符號。有些是留下空位，這在手寫數目時可能會引起誤解，就拿2 3為例，這到底是指203、2003還是20003？中部美洲（Mesoamerica）文明的奧爾梅克人（Olmecs），則是在他們的長計曆中用字符代表占位符號。

羅馬數字本質上是畫記系統，所以在計數方面沒有問題，但遇到計算就沒輒了。要做數學運算，就需要位值系統，最好要有零。

零的發明

相傳第一個在著作中探討零的人，是名叫婆羅摩笈多（Brahmagupta）的年輕印度數學家，他出生於598年，後來成為天文臺臺長。他在628年的著作《婆羅摩修正曆書》（*Brahmasphuṭasiddhanta*）中，用（梵文）詩句寫下行星的運動與運行軌跡的計算，當中就用了零當占位符號。不僅如此，他還寫出怎麼用零這個數。

為了讓每個人明白他要說的意思，他把零定義成「一個數目減去自己的結果」。接著他寫出了在算術運算中使用零這個數的第一個確切規則：

> *兩正數的和是正數，兩負數的和是負數；一正數與一負數的和是兩數的差；兩者若相等，結果就是零。負數與零的和是負數，正數與零的和是正數，兩個零的和是零……零與負數、零與正數或兩個零的乘積，都是零。*

不過，他對除以零的推論和我們的規則不同。他認為0/0等於0，而且一筆帶過任何非零的數除以零的含義，沒有多談。麻煩的是，如果拿4除以2，會得到2；4除以1得4；4除以1/2得8；4除以1/100得400。除數愈小，得出的答案愈大，那麼4除以0會不會得到無限大？並不會，因為無限大乘以零仍然不等於4。此外，如果1除以0會得出無限大，2除以0也會得出無限大，那麼1＝2。啊啊啊！除以零毫無意義，或說「不確定」（indeterminate）。零是個怪胎。

接納零

零的概念從印度傳到美索不達米亞，那裡的阿拉伯數學家了解它的重要性。從那裡零又傳到西方；我們現在使用的「阿拉伯」數碼實際上是美索不達米亞過濾過的印度數碼。

康托創立集合論（見第30頁）之後，今天的數學家把零定義成空集合。正如英國數學家伊恩．史都華（Ian Stewart）的妙語：「這是個其實沒有任何東西的收藏，就像我的勞斯萊斯古董車收藏。」空集合成了整個數學的基石。

零是介於-1和+1之間的整數。因為它可被2整除，沒有餘數，所以是偶數。它不是負數也不是正數。因為任何一個數和零相乘的結果都是零，所以它不是質數。設法用零除任何一個實數沒有意義，因為答案是不確定的。

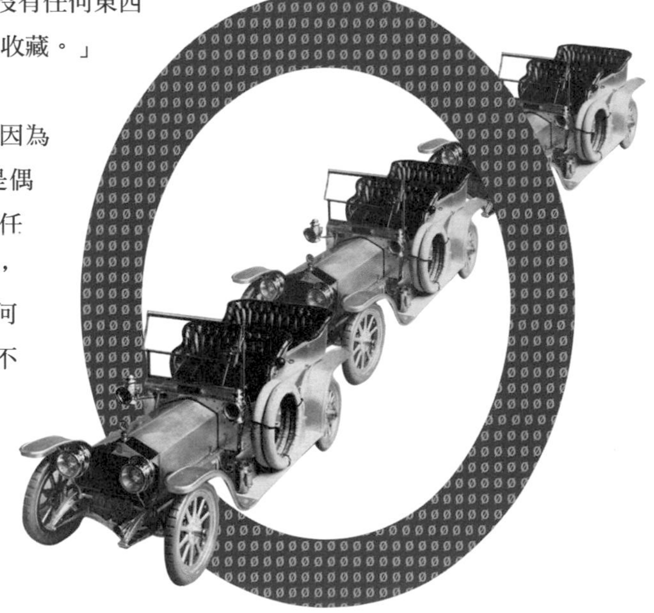

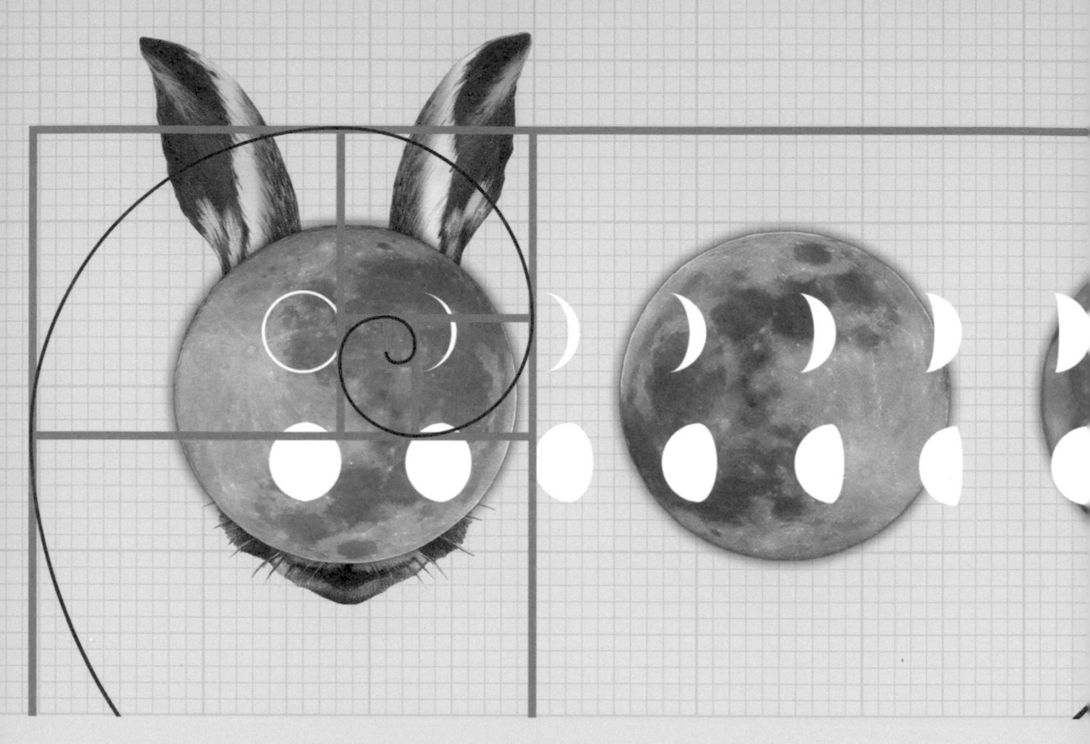

第3章：兔子與現實世界：629–1665年

數目與數學源自我們對周遭世界的觀察，譬如計算月相循環的天數，或測量山有多高，田有多大。從古至今，數學家一直在利用真實世界推進他們的研究工作。兔子激起費波納契最著名的數學貢獻，天花板上的一隻蒼蠅激發出笛卡兒（Descartes）的數學才華。

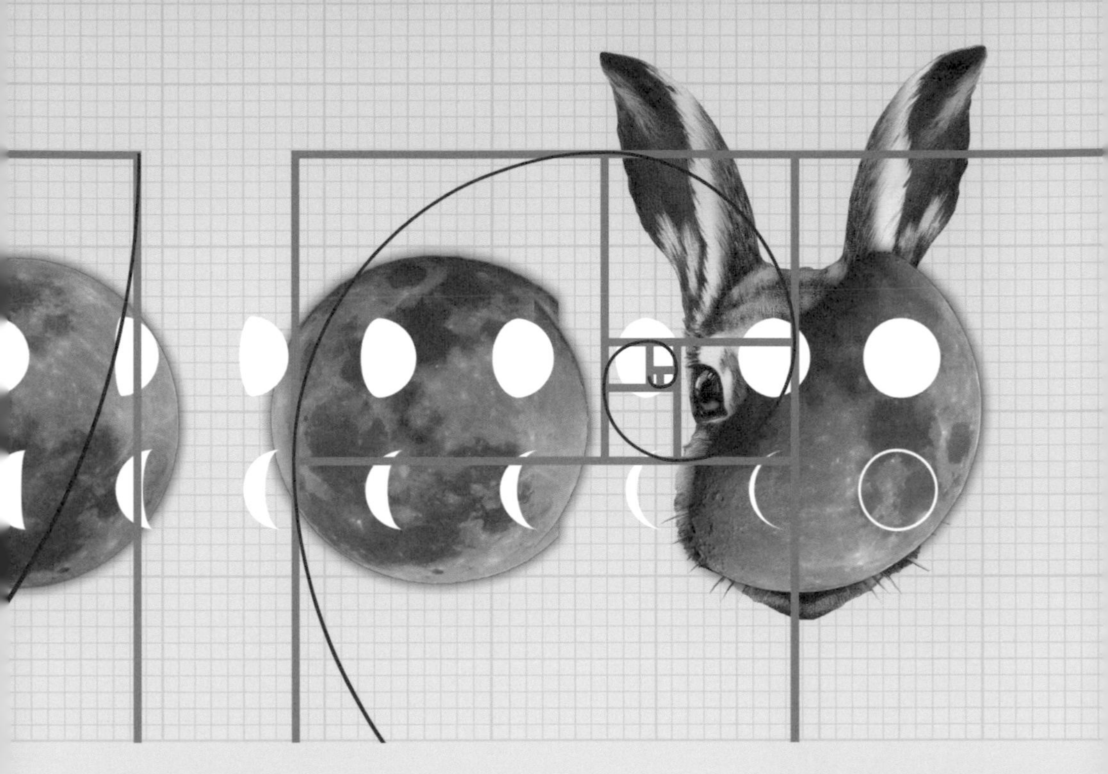

然而，接納零這件事改變了一切。零，空無一物，怎麼可能是一個量？現在數學不必再自我設限，非存在於現實世界不可。數學家學會處理不存在的事物。邦貝利（Bombelli）領悟到，虛數一定是真實的，同時又不可能是真實的。此外，無窮小的概念使克卜勒（Kepler）與後來的牛頓和萊布尼茲，在17世紀做出的重大突破。

公元820年

相關的數學家：
花拉子密（al-Khwarizmi）

結論：
數學在伊斯蘭黃金時代改變了方向。

可不可以做沒有數字的算術？

解二次方程式

在推動科學研究方面，伊斯蘭教聖書《古蘭經》幾乎是重要宗教書籍中獨一無二的。它要求信徒觀察鳥的飛翔、雨從天降等等事物，這種支持科學研究的態度對揭開自然界的奧祕有長遠的影響。

智慧之家

到公元750年，伊斯蘭帝國已從西班牙越過北非一路延伸到阿拉伯半島、敘利亞和波斯，直到今天巴基斯坦境內的印度河。公元786年9月14日，阿拔斯王朝第五任哈里發哈倫・拉希德（Harun al-Rashid）登基，他把文化帶進宮廷，希望建立起知識專業領域。他在809年去世，幾年後他的兒子馬蒙（al-Mamun）奪得王位。馬蒙在830年創辦了一個叫做智慧之家（House of Wisdom）的學術院，希臘的哲學及科學著作在那裡翻譯成阿拉伯文，他還著手興建一座收藏手稿的圖書館。

這段伊斯蘭黃金時代出現了一位波斯青年，可能生於780年前後，出生在今天的烏茲別克；他的名字是穆罕默德・伊本・穆薩・花拉子密（Muhammad ibn Mūsā al-Khwārizmī），通常簡稱花拉子密。在馬蒙的贊助下，他寫了許多數學、地理學、天文學著作，並成為位於巴格達的

智慧之家圖書館的館長。

印度數碼

他的暢銷作品《印度數碼算術》（*On the Calculation with Hindu Numerals*）大約寫於820年，是把印度記數系統傳播到中東和歐洲各地的主要推手（見第17頁）。他讓大家明白怎麼運用這些奇怪的數碼做計算，還介紹了求解問題的訣竅。比方說：

> *如果三個人可以在五天內種出作物，那麼四個人多快可以種出來？首先，寫下跟問題有關的數目：*
>
> *3 5 4*
>
> *然後把前兩個數相乘（3×5＝15），再除以第三個數（15/4），就得到答案是3又3/4或3.75天。*

代數之父

花拉子密的代數著作，首度示範了一元一次與一元二次方程式的系統性解法。花拉子密在代數上的主要成就之一，是指出怎麼用配方法（completing the square）解一元二次方程式。譬如要解方程式 $x^2+10x=39$，他就先以x為邊作出正方形，然後緊靠著正方形的四邊各畫一個長是x、寬是10/4 ＝ 5/2的矩形，這樣四個矩形的總面積就會是10x；於是我們知道，這個正方形加上四個矩形的面積是39。

接著，他在四個角落各補一個面積為25/4的小正方形，讓完整大正方形的總面積變成39+25，也就是64。因此這個大正方形的邊長等於$\sqrt{64}$，也就是8，表示中間那個正方形的邊長x會等於8 - 2×5/2，也就是3。答案就是x＝3。

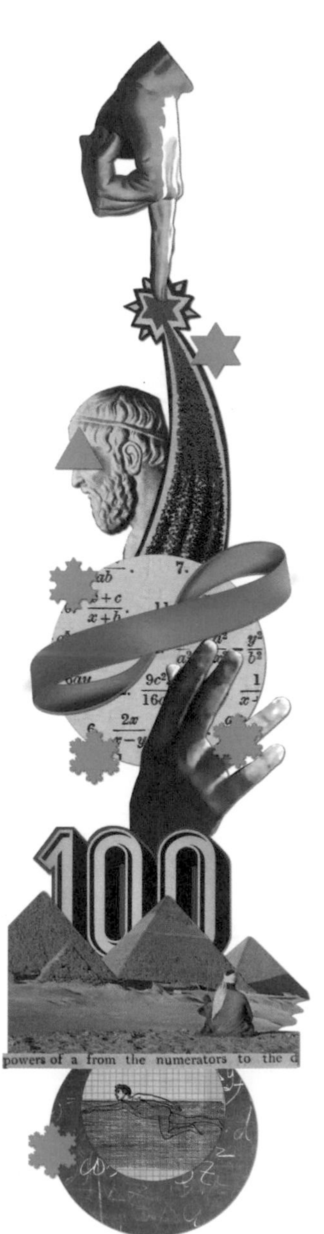

這是把代數看待成獨立科目的第一本書，並介紹了還原（al-jabr，也就是移項）和對消（al-muqabala）這兩種方法。al-jabr這個字也有「醫治斷骨」的意思，代數的英文字algebra就是從這個字衍生來的。還原（移項）是解方程式的第一步，是先在等號兩邊加同樣的東西，以便去掉方程式裡的任何負項和負根。所以，$x^2 = 10x-5x^2$ 就化簡成$6x^2= 10x$。

對消則是指把同類的項合併，所以 $x^2 + 25 = x-3$ 就化簡成 $x^2+ 28 = x$。不過他得用文字來敘述，因為現代記法在遙遠的未來才會出現。譬如他會說「你把十分成兩個部分；把第一個部分乘上自己，它會等於第二個部分的八十一倍」，這在我們的記法裡就是指

$(10 - x)^2= 81x$。

有人形容花拉子密（就像丟番圖，見第46頁）是代數之父。希臘人的數學概念本質上與幾何學有關，而這個新的代數學讓數學家可以討論有理數、無理數和幾何圖形的大小。

花拉子密不僅對純數學感興趣，而且對

> *算術裡最容易、最有用的事情也很感興趣，譬如人在繼承、遺產、分割、官司和交易的情況，以及彼此間所有商業往來中經常不斷規定的，或是牽涉到測量土地、挖運河、幾何計算和各式各樣其他事項的地方。*

他的名字 al-Khwarizmi變成「算法、演算法」的英文字 algorithm，這個字原先的意思是如何用阿拉伯數字運算（即算法），現在則變得比較籠統，是指常用來解決電腦應用計算問題的一組規則，也是指其他牽涉到步驟和方法的程序（即演算法）。

有多少兔子？

自然界的數列

1202年

相關的數學家：
費波納契（Fibonacci）

結論：
有一個數列不斷出現在數學、藝術和自然界中。

比薩的雷奧納多出生於公元1170年前後，就在著名的斜塔於1173年開始興建前不久。人稱他為Fibonacci（費波納契），這個字是Filius Bonacci（波納契之子）的簡稱。他的父親是商人兼海關職員，費波納契年輕時就跟著他行遍地中海地區，學到了來自印度的「阿拉伯」數字（見第17頁）。他也從所遇到的商人那裡學到各種形式的算術。

他在1202年出版了重要的著作《計算之書》，這本書不只把「阿拉伯」數字引進歐洲，也用一則養兔子的故事讓某個迷人的數列普及化。

兔子

假設田裡有一對幼兔，第一個月牠們還太小，沒有繁殖能力，但到第二個月月底，牠們就發育成熟了，生出一對小兔子。這對小兔子也會在兩個月後成熟，生出一對小兔子。剛出生的每對兔子，兩個月後會生小兔子，隨後每個月都會生一對小兔子。因此兔族日益龐大。

費波納契就問了，每個月初總共會有多少對兔子？在頭兩個月，只有很孤單的第一對兔子，但隨後牠們的小兔子出生了，

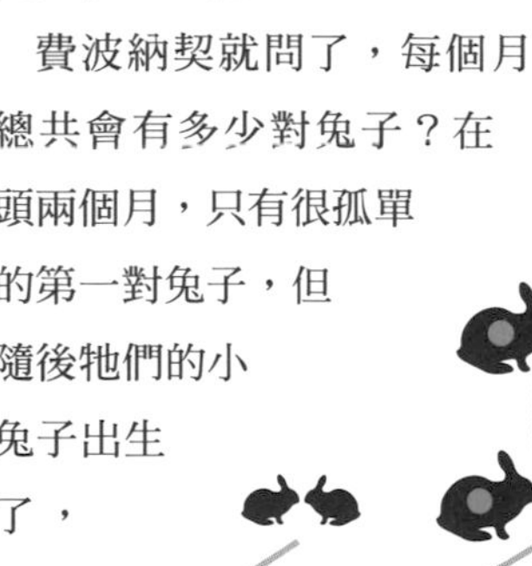

費波納契的兔子繁殖對

所以現在就有兩對兔子。接下來這個月，第一對兔子生了另一對兔子，現在有三對兔子。一個月後，第二對兔子也繁殖出自己的小兔子，所以再下個月時，總數就跳到五對了。

這個數列會像這樣發展下去：

1, 1, 2, 3, 5, 8, 13, 21, 34, 55, 89, 144, 233, 377...

每個數都是它的前面兩個數相加產生的：1 + 1 = 2; 5 + 8 = 13; 89 + 144 = 233。

數學裡的費波納契數

這個無限長的數列有許多奇妙的特質，遵循一些很有趣的數學模式。比如說，每三個數就出現一個可被2整除的數，每四個數就是可被3整除的數，每五個數就是可被5整除的數。費波納契數列無所不在，每個正整數都能寫成費波納契數的和。這個數列裡有無窮無盡的怪事，有些特別難注意到，譬如第11個費波納契數89，而1/89 = 0.011235。

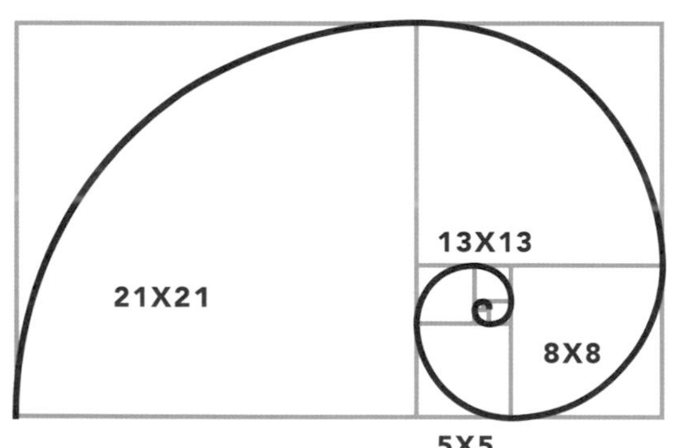

費波納契螺線

費波納契那個時代以來的數學家，都覺得這個數列簡直有趣得不可思議。好比說它居然出現在巴斯卡三角形中；巴斯卡不知道自己用了費波納契數，這些數卻出現在三角形的每條斜線上。費波納契數也令人意想不到地出現在曼德布洛特集合（Mandelbrot set）裡，這種集合是碎形的圖形，圖形中的每一個部分都是它本身的更小局部構成的。這個序列與費波納契數列恰好相符。

它還出現在對數數列、質數相乘數列、二進位數學和程式演算法中。它的存在太普遍了，顯然不是某種令人滿意的巧合，而是一再吸引數學家注意的根本事物。

既然這個數列是費波納契在研究兔子族群增長時注意到的，所以毫不意外地，它也出現在其他的族群增長研究中，並拿來模擬族群動態甚至預測城市地區的發展。比較出人意料的是，這些數竟然也出現在經濟成長模型裡。

費波納契數經常出現在植物生長的自然現象中，例如一株植物莖幹上成螺旋狀排列的葉片數，以及花瓣的數目。

當然，費波納契數顯然反映了事物的增長方式。就像費波納契認定的，事物很少是加倍增長的。增長是一個東西建立在另一個東西之上，費波納契數列就真實反映出這點，因此不論是哪種情況的哪種增長，費波納契數列都很有可能出現。

黃金比例

長久以來費波納契數列一直在藝術和建築上占有一席之地，由「黃金比例」（golden ratio）把數列中的數連繫在一起。把任何一個費波納契數除以它的前一項，得到的結果都很接近黃金比例1.618；就像8/5 = 1.6；13/8 = 1.625；21/13 = 1.615。相除的兩數愈大，結果就愈接近1.618。黃金比例也叫做黃金分割（golden section）或黃金平均（golden mean），是由$(a + b)/a = a/b$這個等式定義出來的。我們可以在長寬比a/b等於$(a + b)/a$的長方形上看到這個比例。

很多人覺得這種比例特別賞心悅目，從古希臘人到柯比意（Le Corbusier）、從達文西到達利的許多建築師與畫家，都在作品中使用了黃金比例。

1572年

相關的數學家：
拉斐爾·邦貝利
（Rafael Bombelli）

結論：
邦貝利證明了虛數是真實的。

數目一定是真實的嗎？

-1的平方根

數就是數，對吧？數怎麼可能是虛的？這個嘛，偏偏有些數就是，而且早在400多年前，義大利數學家拉斐爾·邦貝利（Rafael Bombelli）就已經認真看待過這些數。

數怎麼可能是虛的？

一切要從平方根與負數的概念談起。平方根就是自乘之後會得到原數的那個數，因此9的平方根是3（$3 \times 3 = 9$），4的平方根是2（$2 \times 2 = 4$），1的平方根是1（$1 \times 1 = 1$），以此類推。那麼負數的平方根呢？這就出問題了，因為把兩個負數相乘，得到的結果會是個正數：$(-2) \times (-2) = 4$而$(-1) \times (-1) = 1$。因此，負數的平方根必定存在，但又不可能存在；它既是真實的又是虛的。

古埃及人老早就發現這種模棱兩可之處，而在將近2000年前，發明了汽轉球（aeolipile，一種早期蒸汽驅動裝置）的希臘思想家希羅（Hero of Alexandria）也遇到同樣的困惑。他想算出某個截頭角錐的體積，需要找出81-144的平方根。答案當然是$\sqrt{-63}$，但這沒有明確的解答，所以希羅就改了正負號，說答案是$\sqrt{63}$。這當然是在敷衍了事，但他還能怎麼辦呢？在他的時代，連負數都要謹慎看待，負數的平方根更是不允許的。

文藝復興數學論戰

不過，當16世紀的義大利數學家爭相求解三次方程式（也就是形式為$ax^3 + bx^2 + cx + d = 0$的

方程式），這個兩難困境又冒出來了。當時的人認為三次方程式需要找出負數的平方根，所以是不可解的。當然，在義大利文藝復興時期優越的數學圈，解決這個難題是終極目標。後來在1535年，數學圈兩大重量級人物在教堂激烈對決，炫耀自己的解法，就在這場對決中出現了突破。其中一方是綽號「塔塔利亞」（Tartaglia，意思是口吃的人）的尼可洛·馮塔納（Nicolas Fontana），另一方是希皮歐內·費羅（Scipione del Ferro），至少是由費羅的助手費耶（Fior）代表。塔塔利亞的論證比較周密，結果贏得了第一場對決，和人人嚮往的波隆納大學數學教職，雖然實際上是費羅先到波隆納大學的。

但十年後，聰穎有才的賭徒吉羅拉摩·卡當諾（Girolamo Cardano）拿到費羅的筆記，然後用一本重要的著作《大術》（*Ars Magna*），貿然跳進論戰中，他在這本書中論證了-1的平方根是可能的，但認為它完全沒用。有了卡當諾的三次方程式巧妙解法，卡當諾年輕又聰明的學生羅多維科·費拉里（Lodovico Ferrari）向塔塔利亞下戰書，再來一場數學對決。這一次，塔塔利亞知道自己落敗了，很不光彩地退出比賽。

在每場對決中，解法都牽涉到虛數。但他們都把這些虛數看成一種妙招，而不是真實的量。

邦貝利加入戰局

邦貝利就在這時登場了。他在1572年寫了一本精采好書，書名就叫做《代數學》（*Algebra*），在這本書裡，他用門外漢都能懂的平易字句解釋一切。

他在書中非常清楚地陳述虛數與複數的爭議；複數（complex number）就是實數與虛數的組合體。

他論證了兩個虛數相乘之後永遠會得到實數，並說明負數的平方根要怎麼使用。他把-1的平方根稱為「負的加」，-1的負平方根稱為「負的減」，並提出簡單漂亮的虛數運算規則：

負的加乘以負的加得負：

$(+\sqrt{-n}) \times (+\sqrt{-n}) = -n$

負的加乘以負的減得正：

$(+\sqrt{-n}) \times (-\sqrt{-n}) = +n$

負的減乘以負的加得正：

$(-\sqrt{-n}) \times (+\sqrt{-n}) = +n$

負的減乘以負的減得負：

$(-\sqrt{-n}) \times (-\sqrt{-n}) = -n$

一開始他也覺得這是在耍詐。他寫道：「整件事好像建立在詭辯而非事實之上。不過我想了許久，直到確實證明這〔個真實結果〕是對的為止。」

虛數單位 *i*

在接下來的兩個世紀，有些數學家接受了負數的平方根，但有些人完全不接受。最後，瑞士數學家雷翁哈德・歐拉（Leonhard Euler, 1707–1783）終於看出一個通過困境的方法。他引進了「虛數單位」，用符號「i」來表示平方後等於-1的那個虛數。因此i也可以寫成$\sqrt{-1}$。歐拉的洞見是，任何一個負數的平方根只要表示成i乘上對應正數的平方根，就可以納入方程式裡。他接著說，$\sqrt{-1}, \sqrt{-2}, \sqrt{-3}$等等所有負數的平方根，都是虛數；但「虛」只是數學用詞，不代表這些數不存在。

在虛數和-1平方根的核心，可能藏著一個謎團，但這不代表不能使用。事實上我們會發現今天沒有虛數很難過日子。虛數對尖端量子科學來說非常重要，在機翼與吊橋的設計上也至關重要。虛數之所以虛，是因為無法標記成實數，但這些數是真實世界的一部分，所以是「真實」的。於是很弔詭的，它們既是虛的又是實的，不可能卻又有可能。邦貝利確實開了先河！

怎麼用骨頭做加法？

簡化乘法的第一個方法

1614年

相關的數學家：
約翰・納皮爾（John Napier）

結論：
發明了對數、計算器與計算尺。

約翰・納皮爾（John Napier）在1550年出生於默奇斯頓堡（Merchiston Castle），他的出生地現在是愛丁堡納皮爾大學（Edinburgh Napier University）默奇斯頓校區的一部分。納皮爾在他的父親於1571年去世後，成為默奇斯頓的第八代地主（男爵）。

渾身煤灰的小公雞

他熱衷於發明，尤其是軍用裝備，大家都叫他「了不起的默奇斯頓」（Marvellous Merchiston）。當地人說他可以預知未來，而且養了一隻據說能看穿偷雞摸狗之事的黑毛小公雞。話說有一回城堡遭竊，有些貴重物品被偷了，納皮爾命令僕人走進塔樓的一間暗室摸一下小公雞，這隻雞在偷了東西的人摸到牠時會啼叫。但所有的人依次摸過了，小公雞都沒有叫，納皮爾就把他們帶到一間有光線的房間，並要他們把手舉起來。差不多所有人的手都是黑的，只有一人不是。納皮爾於是控告那個雙手乾淨的僕人偷竊，因為他不敢摸小公雞。納皮爾在雞身上抹了煤灰，靠著這個簡單的舉動抓到小偷。

對數

納皮爾也是勤勉的物理學家和天文學家，而且就像當時所有的科學家一樣，花很多時間做乏味的計算，這些計算工作又會讓過程變得非常慢。他

在大約1590年發現一個簡化計算的方法，所用的工具後來稱為對數（logarithm）。隨後他又花了20多年算出很多數的對數值，並在1614年把他的計算結果集結出版，這本書有個明快的書名，叫做《奇妙對數規則的描述》（*Mirifici Logarithmorum Canonis Descriptio*）。

納皮爾的對數與今天我們所稱的「自然對數」相似，記作ln x或$\log_e x$。一個數的自然對數，就是讓常數*e*的某次方等於那個數所要乘的那個次數：

$\ln x = a$

使得

$e^a = x$

因此，$\ln 2.74 = 1.0080$就表示$e^{1.0080} = 2.74$，$\ln 3.28 = 1.1878$表示$e^{1.1878} = 3.28$。這些值可以從對數表查到。

這個為什麼很有用？假設你想算出2.74×3.28，今天你就會拿電子計算機或用手機上的計算機來算，但17世紀時還沒有這些東西，所以他們得做直式乘法。有了對數，只要先做對數值的相加：

$1.0080 + 1.1878 = 2.1958$

然後在對數表查2.1958；這是8.9872的對數值，因此就是答案。

換句話說，如果使用對數，你就不必做乘法，只要做加法就行了。

這些對數值讓英國數學家亨利．布里格斯（Henry Briggs）大為驚喜，於是他北上拜訪納皮爾。據說兩人會面時15分鐘不發一語，默默地彼此仰慕，最後布里格斯才開口說：「男爵閣下，我這趟長途旅程……就是為了領會最初是什麼樣的智慧或聰明才智，讓您想到這個最好的天文學幫手，也就是對數。」

後來布里格斯把納皮爾對數的底數改成10，這正是數百年來的學生使用的對數。

納皮爾的骨頭

納皮爾接著又發明了第一個實用的袖珍計算器，後來叫納皮爾算籌（Napier's Rods），還有更通俗的稱法是納皮爾的骨頭（Napier's Bones）。他在自己的《籌算》（*Rabdologia*）一書中作了描述，這本書出版於1617年，在他去世前不久。

納皮爾的骨頭實際上就是寫在扁棍上的乘法表，用到了費波納契在《計算之書》（見第57頁）當中解釋的阿拉伯格子乘法。這個計算器設計精巧，操作又簡單，每一直行實際上都是那個數的乘法表。

納皮爾的骨頭通行了一個多世紀。1667年，正在學算術的29歲倫敦日記作家塞繆爾·皮普斯（Samuel Pepys）寫道：「喬納斯·摩爾」——他的私人教師——「來到我的房間，告訴我納皮爾骨頭的廣大用途。」

計算尺

納皮爾對數表之後的下一個進展，是牧師威廉·奧垂德（William Oughtred）在1622年左右發明的計算尺（slide rule）。計算尺上有對數刻度，讓使用者透過加法來做乘法，也可以用來做除法、三角函數及其他函數。之後有好幾百年，計算尺一直是工程師和科學家的標準計算工具。

1615年

相關的數學家：
約翰尼斯・克卜勒
（Johannes Kepler）

結論：
克卜勒利用無窮小的切片計算出酒桶的容量，確保自己花一分錢，得一分貨。

酒桶有多大？

切薄片求體積

天文學家約翰尼斯・克卜勒（Johannes Kepler）最出名的成就，就是他在1609年發現了行星軌道呈橢圓形，以及他的三大行星運動定律。但他在數學上也做出了極重要的貢獻——特別是計算出較複雜形狀的面積與體積。

立體的體積

正方體或角錐的體積計算起來還算簡單。但在1615年，克卜勒想出一個聰明的方法，可算出其他立體的體積及找出最大容量。

他的突破出現在他走過人生中相當動盪的階段，即將否極泰來之際。克卜勒從1601年起一直擔任神聖羅馬帝國皇帝魯道夫二世（Rudolf II）的御用數學家，這份職務基本上就是在替宮廷排星盤算命。但在1612年魯道夫駕崩後，帝國陷入政治紛擾時期，克卜勒的工作開始受到威脅。同一年，他的妻子芭芭拉（Barbara）因匈牙利斑疹熱病逝，其中一個幼子也死於天花，更慘的是，他的母親卡塔琳娜（Katharina）因巫術罪名受審。他離開帝國首都布拉格，搬到比較清靜的林茲（Linz），並決定再娶。他把可能的婚配對象考慮過一遍，最後選定24歲的蘇珊娜・羅伊廷格（Susanna Reuttinger）。他們的婚禮正是啟發他對體積計算想法的靈感來源。

婚姻數學

克卜勒執著於一分錢一分貨，又是個有責任感的新郎官，結果開始懷疑林茲的酒商有沒有給他好價錢，因為他們用的酒桶來自他的故鄉萊茵蘭（Rhineland），形狀和林茲的酒桶不同。這些酒桶是側著存放的，而酒商在計量桶裡有多少酒的方法，就只是把量尺從酒桶中央的孔伸進去，斜推到底部的角落，然後檢查量尺上讓酒浸溼的高度是多少。對於林茲當地的酒桶，這方法也許管用，但其他形狀的酒桶也同樣適用嗎？

對克卜勒來說，這成了很有趣的智力挑戰。接下來兩年，他分析了所有的問題，然後在1615年把他的分析結果發表在一本書中：《酒桶的新立體幾何》（*Nova Stereometria Doliorum Vinariorum*）——這對一本劃時代的數學書來說是個有趣又獨特的書名！

克卜勒先探究了計算面積與體積的方法，特別是彎曲的形狀。數學家很早就建立了運用「不可分量」（indivisibles）的理論；不可分量就是指微小到無法再分割的單元。理論上，這些單元可以適應形狀，然後相加起來。舉例來說，你可以利用細長的三角扇形切片找出圓面積，這正是阿基米德估計圓周率所用的方法。

克卜勒為行星軌道的研究計算橢圓面積時，已經運用過這個概念了。他照著14世紀法國哲學家尼可．奧雷姆（Nicole Oresme）的做法，把橢圓直切成無限多片，而不是像阿基米德一樣把圓切成三角形。接著他就可以利用每個切片的垂直高度或縱坐標，算出橢圓的面積。

接受無窮小

克卜勒把酒桶或任何立體形狀想像成一疊薄片，再來研究怎麼找出體積，這是很自然而然的事情。如此一來，總體積當然就會是薄片體積的總和。如果是酒桶，每塊薄片是非常淺的圓柱體，而圓柱的體積很容易計算。簡單。

但請等一下，假如圓柱沒有厚度，那麼就沒有體積了，這樣的話，切成厚一點的薄片怎麼樣？不行，這行不通，因為圓柱的邊是直的，酒桶是弧形的。克卜勒解決這個難題的方法是接受「無窮小」這個概念——無限薄的切片可以存在，不會完全消失。克卜勒絕對不是第一個想到這一點的人，他的研究卻讓這個想法受到關注。

既然有了計算體積的方法，克卜勒就用同樣的方法算一算哪種形狀的酒桶容量最大，弄清楚他與酒商對量尺的主要歧見。這次他用了圓柱高、圓柱直徑以及從頂面到底面的斜線所構成的三角形，這樣他就可以問，如果斜線像酒商的量尺一樣是固定不變的，若高度改變了，容量會怎麼變動？

結果發現，高度大約是直徑兩倍的矮胖酒桶，譬如奧地利的酒桶，容量是最大的。來自克卜勒萊茵河畔家鄉的瘦高酒桶，所裝的酒碰巧少了許多。克卜勒還注意到，形狀愈接近體積最大的酒桶，容量增加得愈少。

微積分的根基

這項觀察在後續的微積分發展中，在它對極大極小值的探討上，也扮演極為重要的角色。克卜勒採納無窮小，對日後牛頓和萊布尼茲發展出來的微積分，是同等重要的基礎。由於自然界並非分成像數目和幾何形狀這樣的工整區塊，它是連續不斷又多變的，因此數學遇上自然界時就出問題了。然而事實證明，無窮小在填補這道鴻溝上極為有用，能夠幫助數學在現代對世界的認識中扮演關鍵的角色。

笛卡兒坐標是什麼？

解析幾何學興起

1637年

相關的數學家：
笛卡兒（Descartes）

結論：
一隻蒼蠅啟發了笛卡兒想出高明的坐標軸與坐標系統。

雷內·笛卡兒（René Descartes）在1596年出生於法國中部的圖爾（Tours）一帶，家庭富裕，家人把他送進一所位於拉弗萊士（La Flèche）的耶穌會貴族學校，在那裡，由於體弱多病，他不像其他學生每天清晨5點就被叫醒，而是獲准睡到11點，他終其一生都保持這個習慣。他在學校表現很好，但後來斷定他只學到自己多麼無知。他在巴黎待了一段時間，隨後加入幾支軍隊，最後去荷蘭住了20年，從事數學與哲學方面的研究。

笛卡兒主要是因他的哲學觀點而名垂不朽，尤其是他對於方法的論述。他判斷自己無法確定所讀過、見過或聽過的任何事情，必須回到第一原理（first principles）。他寫下了名句「我思故我在」（Cogito ergo sum），換言之，我在思考，因此必然有某個人在進行思考，而那個人是我。今天許多哲學家和心理學家不接受連續自我在進行思考的想法，也不接受「笛卡兒的二元論」——主張身體與心靈是由不同實體組成的觀點。儘管如此，大家仍稱他現代哲學之父。

解析幾何學

笛卡兒在數學領域也十分活躍，著述豐富，並和費馬共同合作各種計畫。他所做的最重要的事情，就是發明坐標，現在叫做笛卡兒坐標（Cartesian coordinate）。

想像一下你是鴿子或直升機駕駛，你想從英格

蘭東部沙福郡海濱的奧福德（Orford）起飛，飛到大約在東北方外海13公里處的某個目的地。假如起霧了，你要怎麼找到目的地？

衛星導航在海上不太管用，地圖也是，因為沒有什麼地標可指引你。若要找到目標，就需要那個目標的坐標。

你可以看到目標在奧福德以東12公里，以北5公里，換句話說，它的坐標是(12,5)。知道坐標之後，你就能選擇先往東飛12公里再朝北飛5公里，或是先算出正確的羅經方位（大約是22.5度），然後朝這個方向直飛13公里。

用代數描述幾何的這個主意，是笛卡兒忽然想到的。他率先在方程式裡用x, y, z作未知數，用a, b, c 作已知數，譬如$ax^2 + by^2 = c$。他也率先把x的平方表示成x^2，把y的三次方表示成y^3。據說是他在荷蘭時，某天早晨躺在床上看著天花板上的一隻蒼蠅，突然靈光一閃，憑空想出了這一切。

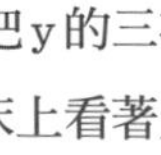

笛卡兒坐標

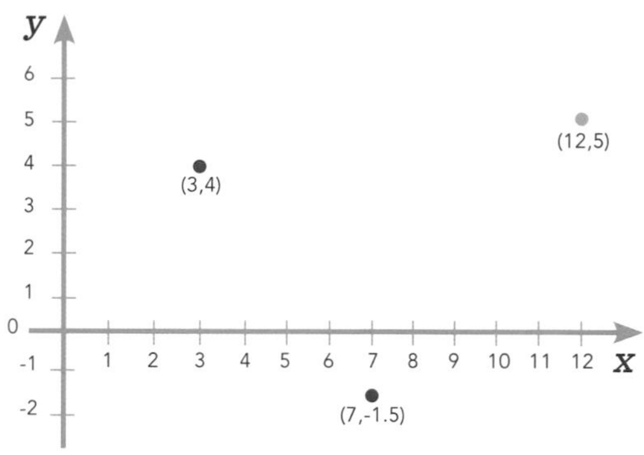

笛卡兒坐標

在解析幾何學中，平面上每個點都有一對實數坐標。這個圖中所示的三個點分別是(3, 4)、(7, –1.5) 及 (12, 5)，+x 的方向代表東方，+y代表北方；負的坐標也完全可行。

這些坐標可以讓你畫出方程式的圖形。比如說y = (x/2) -2，那麼x = 0時，y =-2；x = 4時，y = 0；而x = 10時，y = 3。這個方程式的圖形，就是一條通過這三個點的直線。

笛卡兒坐標在三維空間中也行得通。在這個「歐氏空間」裡的點，位置可由x, y, z三個變數表示。

笛卡兒坐標系的威力在於，它可以把幾何的問題轉換成與數有關的問題，也可以反過來。它也能讓你用代數的方式描述曲線，運用代數算出距離、兩直線的夾角、面積以及曲線的交點。

還有其他的有用坐標系，其中最出名的就是極坐標系（polar coordinate system）。在這種坐標系中，一個點的位置可由r（代表半徑）和θ（讀作theta）表示，r是這個點與原點（極點）的距離，θ是它與x軸的角度。這個點表示成它和原點的距離與方向。這種坐標系用途非常廣，特別是在物理方面，常用來測繪軌道運動。

球面坐標系用到了三維的極坐標。還有一些具特定用途的坐標系，如正準坐標（canonical coordinate），用於哈密頓古典力學。然而，這些坐標系都沒能取代笛卡兒坐標。它是容易記住且容易教孩子學會的坐標系。

1653年

相關的數學家：
布雷・巴斯卡（Blaise Pascal）

結論：
賭博贏錢的機會是可以算出來的。

機會有多大？

機率論的發明

自封為梅雷騎士的安托萬・龔博（Antoine Gombaud），是17世紀中葉法國沙龍的明星之一，他說話風趣，溫文爾雅，是耽溺於結交聰明人的開放思想家。他也是個賭徒，漸漸對某個問題產生了興趣：假如有個賭博遊戲忽然中斷，賭金怎麼分才公平？比如說，一場賭局通常只會在某位玩家贏了好幾回合的時候結束，但是若在中途提前結束，賭金應該怎麼分，才能反映每個玩家實際贏得的回合次數？

有缺陷的領域

龔博在馬蘭・梅森（Marin Mersenne）的沙龍結識了幾位非常優秀的數學家，1652年時就在梅森的沙龍拋出這個難題。兩個人接下挑戰：一位是才氣過人的法國哲學家兼數學家布雷・巴斯卡（Blaise Pascal, 1623–1662），另一位是同樣有才氣的費馬（1607–1665）。龔博大概沒預料到，這兩位數學巨頭會想出什麼深刻的答案。他們在一連串的通信中，共同打下了機率論的基礎。

在這之前，賭博已經激發出對這個問題的一點理解。在前一個世紀，帕喬利（Pacioli）、卡當諾、塔塔利亞等義大利數學家對骰子擲出某些點數或拿到有特定組合的一手牌的可能性，就曾提出一些想法，但他們對這件事的了解說好聽點是模糊不清，說得不好聽是大錯特錯。費馬和巴斯卡的研究成果就不同了，尤其是巴斯卡。

接下來一年，巴斯卡潛心研究這個問題。他看出，任何事件的機率就是它會發生的次數在總次數中所占的比例。一顆骰子有六個面，所以丟擲後出現特定一面的機會是

1/6。換句話說，找出機率就是要先注意特定事件可能發生的方式有多少種，然後除以所有可能結果的總數。

巴斯卡三角形

在一顆骰子的情況下，像這樣的計算過程很簡單，但如果你擲兩顆骰子或是要發52張撲克牌，計算過程就會變得複雜到難以想像。比如說，六張牌的可能組合到底有多少種？

巴斯卡意識到，答案在於二項式（binomial）——帶有兩項的表達式：如$x + y$。在這裡，其中一項是可能的組合數，另一項是目標物（如撲克牌或骰子）的總數。把這個二項式乘了所需的次數n，就得出機率值：$(x + y)^n$。二項式乘上給定的次方，會產生出係數的模式；係數就是出現在各項前面的數字。$(x + y)^2$ 會產生$1x^2 + 2xy + 1y^2$，$(x + y)^3$會產生$1x^3 + 3x^2y + 3xy^2 + 1y^3$，以此類推。

這一切聽起來還是很複雜，不過巴斯卡在解決這個問題的過程中用了一個高招。他決定井然有序地把可能的結果一列一列排出來，每一列都代表賭局進行的回合。隨著賭局進行，可能的結果也會不斷增多，因此這些步驟就產生了一個由數字構成的正三角形，排列的規則很簡單：每個數字都是它上面那一列中相鄰兩個數字的和。

構成這個三角形的數字，正好是你從某個數量的選項中選取某個數量的目標物的可能組合數，每一列都

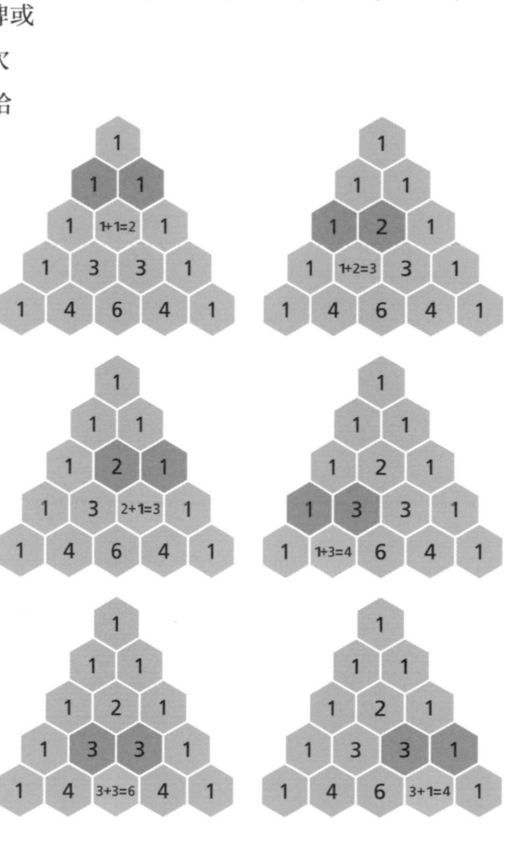

是某個次方的二項式係數，如：1, 2, 1和1, 3, 3, 1等等。這表示你必須從正確的那一列找機率範圍。巴斯卡只展示了一個大小有限的三角形，但是沒有理由不能延伸到無限大。二項式係數與這個三角形之間的驚人關聯並非巧合，它展現了和數字與機率有關的基本事實，而這項發現打下了機率論的基礎。

後來發現，現在叫做巴斯卡三角形的這個三角形，除了可供二項式係數的查詢之外，還有一些確實很奇特的性質。事實上，它比巴斯卡古老許多；早在公元前450年，它就出現在印度文獻裡了，稱為「須彌山的階梯」。不過，真正起頭的人是巴斯卡。

不只是賭博

此後幾個世紀，數學家在這個三角形中發現了許多重要的模式。費波納契數列（見第57頁）是其中最有趣的模式之一。此外，把任何一列上面每一列的數字全加起來，會得到一個梅森數，也就是比2的某次方少1的數，如1, 3, 7, 15, 31, 63, 127, 255。

舍賓斯基三角形

更不可思議的是，當你把可整除的數著色，會得到漂亮的碎形圖樣。把所有可被2整除的數著色，會產生一個叫舍賓斯基三角形（Sierpinski triangle）的驚人三角形圖樣，這種三角形命名自波蘭數學家瓦茨瓦夫・舍賓斯基（Waclaw Sierpinski, 1885–1969）。這種三角形對數學家來說就像一座寶庫，或說是冰山，愈深入研究，揭露的祕密就愈多。

你可以算出微小距離下的速率嗎？

微積分的發明

1665年

相關的數學家：
艾薩克・牛頓（Isaac Newton）
哥特弗里德・萊布尼茲
（Gotfried Leibniz）

結論：
微積分可用來算出極短時間內的變化率。

艾薩克・牛頓（Isaac Newton）是個常生病的少年。他在1642年耶誕夜剛出生時，實在太瘦弱了，大家都不指望他能夠活下來。他的父親在他出生前就過世了，母親在他兩歲時改嫁給有錢的牧師，把他託給自己的雙親，但他並未受到多麼悉心的照顧。他在孤單寂寞和自省中長大，但也養成了專注於各種問題的非凡能力，這讓他成為有史以來最偉大的科學家。

躲過瘟疫

牛頓的中學校長設法讓他進入劍橋大學讀法律，但1665年爆發瘟疫，劍橋關閉，牛頓就返回他母親在伍爾索普（Woolsthorpe，靠近格蘭瑟姆〔Grantham〕）的家中。

在那裡，他獨自一人在家中研究一系列的難題，從彩虹的顏色到月球與其他行星的運行軌道，而在純數學領域，他發明了微積分。正如他自己在大約50年後所寫的：「這一切都發生在1665和1666這兩年的瘟疫期間，那時正值我的發明顛峰時期，從事數學和自然哲學的心力比往後任何時候還要多。」

今天的工程師、科學家、醫學研究人員、電腦科學家、經濟學家無時無刻不在使用微積分，但牛頓發明微積分的目的，是解決義大利科學家伽利略留下的一個問題。

伽利略的球

伽利略在1590年代研究落體的科學。亞里斯多德曾聲稱，

大的物體落下的速度比小的物體快：一塊磚落下的速度會是半塊磚的兩倍。伽利略不這麼認為，據說他從比薩斜塔丟出重量不同的球，印證所有的球落地速率相同。

接著他又用斜面，進行更符合科學方法的實驗。他在一根木梁上切出一條凹槽，然後打磨並用羊皮當襯裡。接下來，他撐住其中一端，然後讓一顆拋光過的銅球從凹槽頂端滾下斜面。利用這個斜面（實際上是在減慢落下的速度），他就能仔細測出銅球滾下的速度。

銅球在滾落的過程中會愈來愈快，而伽利略讓我們看到，它在一秒內會滾落1個單位，兩秒內4個單位，三秒內9個單位，四秒內16個單位。滾動的距離與時間的平方成比例。

他領悟到銅球以固定不變的比率加速，或是像他所說的：「從靜止狀態開始時，會在相同的時間間隔獲得相同的速度增量。」不過，他沒辦法用數學的方式描述這種運動，而要由牛頓在大約70年後承接下去。

牛頓的流數法

牛頓明白，如果要計算伽利略的銅球在任一刻的速度，他必須算出位置的瞬時變化率。假設d是滾動的距離，t是時間，再假設時間增加了很小的量q。由於距離與時間的平方成比例，增加的距離就會是是 $(t + q)^2 - t^2$，這會等於 $2tq + q^2$。

t增加到t+q時，平均變化率（牛頓稱為d的流數）是 $(2tq + q^2) \div q$，這會等於 $2t + q$。但q只是個很小的量，如果變小，變化率2t+q就會愈來愈接近2t。在極限的情況下，q趨近於0，變化率就會等於2t。

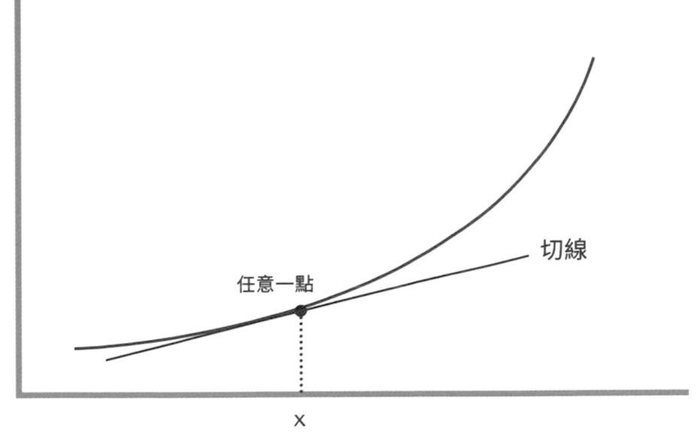

這叫做微分，而這個過程稱為微分法（differential calculus）。我們現在會說：t^2 的微分是2t。

這聽起來並不複雜，但它向前邁了非常大的一步，因為牛頓所看的事實上是一段無限短的時間。處理無窮是極麻煩的事，但是這件事也從此改變了數學。

微分法允許你做的其中一件事，就是計算曲線的斜率（slope）。假設這條曲線是 t^2 的圖形，那麼我們就可以找出曲線上任一點的斜率或切線（tangent）。

牛頓在1671年寫成《流數法》（*Method of Fluxions*），但是到1736年，他去世很久之後，這本書才出版。會耽擱這麼久，部分原因是牛頓行事遮遮掩掩，不想讓別人批評或剽竊自己的想法。他運用微積分的方法，解決了行星運動、旋轉流體表面、地球形狀的問題，以及在1687年的傑作《自然哲學的數學原理》（*Philosophiæ Naturalis Principia Mathematica*）中討論到的其他許多問題。

與萊布尼茲的爭執

這段期間，德國數學家哥特弗里德・威廉・萊布尼茲（Gottfried Wilhelm Leibniz）獨力發明了微積分（約1673年），比牛頓晚了七年，但立刻就發表了。沒多久，兩人就爆出激烈的爭執，指控對方剽竊自己的研究結果。然而，萊布尼茲是先發表的人，採用的記法又比較明瞭，因此最後普遍使用的是他的系統。

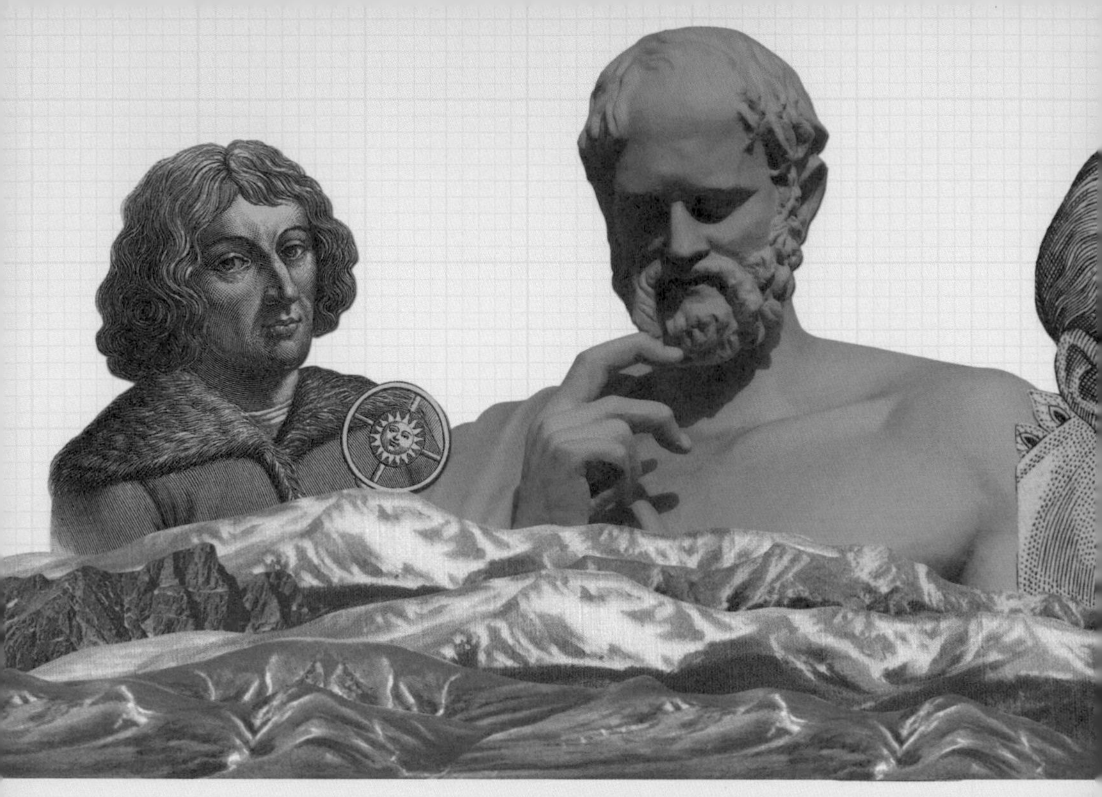

第4章：填補數學之間的空缺：1666–1796年

牛頓有一句名言：「如果我看得比別人遠，那是因為我站在巨人的肩膀上。」這句話也適用於那些因為他（以及萊布尼茲）發明了微積分而得到的數學發現。他們提供數學家理解宇宙奧祕的新工具，這些數學家抓住這個雙手捧上的機會，其中有兩位領先群雄。

牛頓之後的時期是歐拉的時代，再之後嶄露鋒芒的，是各方

面才能可與歐拉相比的少數人物之一：高斯。他們毫無疑問是有史以來最偉大的兩位數學家，兩人都對古典力學、數論等不同領域有所貢獻。這段時期還有其他幾位傑出的數學家，特別是拉格朗日及白努利家族的成員，不過，歐拉和高斯依然是後牛頓時代的兩大巨頭。

1728年

相關的數學家：
雷翁哈德．歐拉
（Leonhard Euler）

結論：
歐拉數*e*是持續增長常數。

歐拉數是什麼？

一切增長背後的數字

世間萬物無時無刻不在增長。細菌會繁殖，族群數量會增長，火勢會蔓延，物種會入侵，複利會上升。跟所有這些及其他事物有關的數學，對微積分產生了影響，而微積分是關於變化率的數學。在微積分當中，有一個數特別重要：歐拉數*e*。如果你在做增長或變化率方面的計算，就需要用到*e*。

古代埃及早期的數學家已經知道圓周率π，因為它是幾何學上的常數，而且有顯見的實際需求。如果你想計算圓面積，就需要用到π。然而在18世紀以前，大家還沒開始運用數學分析事情變化得多快，所以根本沒有人曉得自己需要用到*e*。

對數表

這個常數在17世紀數學家開始發展對數時現身。納皮爾的對數書上有一個附錄，列出了許多數的自然對數。對數是增長的數，自然對數是以*e*為底數的對數，而不像常用對數（common logarithm）是用10作底數，但納皮爾並未使用*e*這個常數本身，它的重要性也沒有受到重視。後來，傑出的荷蘭科學家克里斯提安．惠更斯（Christiaan Huygens）在圖形中認出了「對數」曲線。

惠更斯的對數曲線就是我們今天所指的指數曲線，也正是*e*開啟的曲線。一般人有時候會誤用指數增長來指超級快與加速的意思，可是它有非常具體的含義；它是指在任何時候的增長都與量成比例，所以如果一群兔子的數量每個月都會加倍，就會變成2隻，然後有4隻，接著是8隻、16隻、32隻、64隻、128隻、256隻，以此類推。

不斷增多的利息

1683年，瑞士數學家約翰·白努利（Johann Bernoulli）開始計算複利，*e* 的重要性就浮現了。如果你有1英鎊的存款，而銀行每年都很慷慨地付你100%的利息，到了年底你的存款就會變成2英鎊。但如果銀行是每六個月付你50%的利息，存款會變多少？過了前六個月，你會有1.50英鎊，一年後，你賺得的利息是1.50英鎊的50%，所以會有2.25英鎊。

事實上，計息次數愈多，你透過複利賺得的利息也愈多。不過，當計息次數愈來愈多，利得反而會減少。到了按日計息的時候，賺得的利息會是2.71英鎊，就非常接近極限了，倘若再往下按分、按秒計算，利得就愈減愈少。那如果每個瞬間計息一次，會賺到多少利息？這應該是最大限度了，而到這時增長會完全持平。

投票給*e*者占多數

白努利知道這個數字介於2與3之間，但無法算出確切的數字，而且不了解它和對數的關聯。這正是需要歐拉出馬的地方。歐拉在1731年寫給克里斯提安·哥德巴赫（Christian Goldbach）的一封信中，把這個數稱為*e*。「e」是他的姓氏和「指數」的英文字exponential的第一個字母，這是好事，但他叫它「e」可能因為它是「a」之後的第一個母音。

比這個命名更重要的是，他算出了它的值。後來有人把*e*稱為歐拉數（Euler's number）。他在1748年把這個結果發表在《無窮分析導論》（*Introductio in Analysin Infinitorum*）這

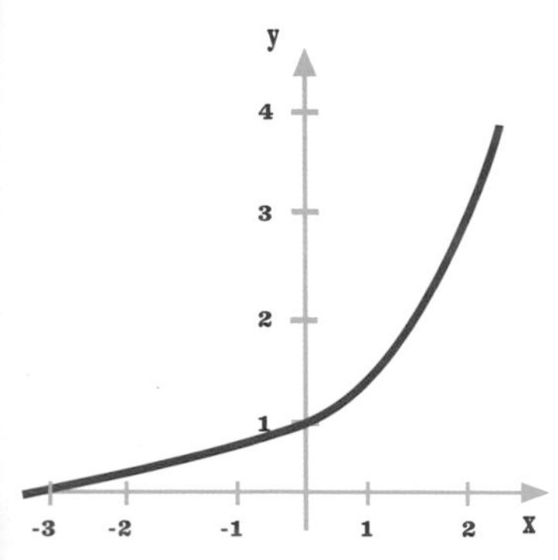

曲線$y = e^x$

本書中。他運用階乘算出了這個數。2的階乘寫成2!，表示$1 \times 2 = 2$，3的階乘3! 表示$1 \times 2 \times 3 = 6$，以此類推；換句話說，若要算出任何數的階乘，就是把1到那個數的所有正整數相乘起來。但在計算e的時候，階乘當然就會以分數的形式出現，因為是遞減的分割。

$$e = 1 + 1/1! + 1/2! + 1/3! = 2 + 1/2 + 1/6 = 2.666...$$

$$e = 1 + 1/1! + 1/2! + 1/3! + 1/4! = 2 + 1/2 + 1/6 + 1/24 = 2.708333...$$

歐拉必須繼續加下去，一直加到無限大。他算出了一個數字，算到小數點後18位：

$$e = 2.718281828459045235$$

他並未解釋自己是從哪裡了解到這件事的，可是他可能只需要算到1/20!。到了2010年，數學家／電腦科學家已經計算e到小數點後第1兆位，不過就大部分的情況來說，歐拉的數字夠用了。

增長常數

讓e與眾不同的是它是增長常數。用圖來呈現y寫為e^x的增長，那麼在任何一點，y的值會是e^x，斜率是e^x，曲線下方的面積也是e^x，這就代表你可以從其他任一個求得其中一個，非常有用。事實上，如果沒有e，現代微積分大部分會困難許多。

歐拉還提出另一個重要的數學符號，i，它代表 -1的平方根。他用了一個公式把這些常數結合在一起，有些數學家覺得它是數學史上最簡單、最美的公式：

$$e^{i\pi} + 1 = 0$$

很多人認為這個公式總結了所有的數學。

你能過橋嗎？

這個遊戲讓我們有了圖論

1736年

相關的數學家：
雷翁哈德·歐拉
（Leonhard Euler）

結論：
圖論是研究連結的數學分支。

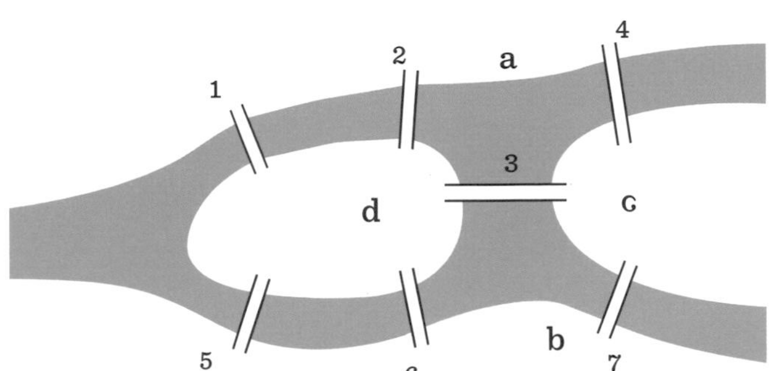

普雷格爾河

據說普魯士王國柯尼斯堡（Königsberg，今天俄羅斯的卡里寧格勒）的居民夏天晚上會沿著普雷格爾河（River Pregel）散步，喜歡走在七座橋上過河。河中有兩座島，靠著這七座橋與河岸相連。當地有個挑戰是要把每座橋都走過一遍，而且不能重複走，但沒有人辦得到。不成功的原因不知道是餐館的酒在作祟，還是幾何結構上的限制？

比如說，假設你從西北角開始走，先橫跨1號橋走到島上，再過2號橋回到河岸；接著，跨4號橋走到另一座島，再過3號橋走回第一座島，然後過6號橋走到對岸再沿著5號橋回島上——可是接下來你就卡在這座島上，而且7號橋還沒走過。

如果只有1, 5, 6, 2號橋，或1, 5, 7, 4號橋，事情就簡單了，然而這七座橋引出了一個深入的謎題。這兩座島似乎讓問題更加困難。初看起來，你也許會認為橋的數目必須是偶數，不過你可以輕易走完1, 5, 6, 3, 4號這五座橋之後回到起點。當地居民想必困惑極了。

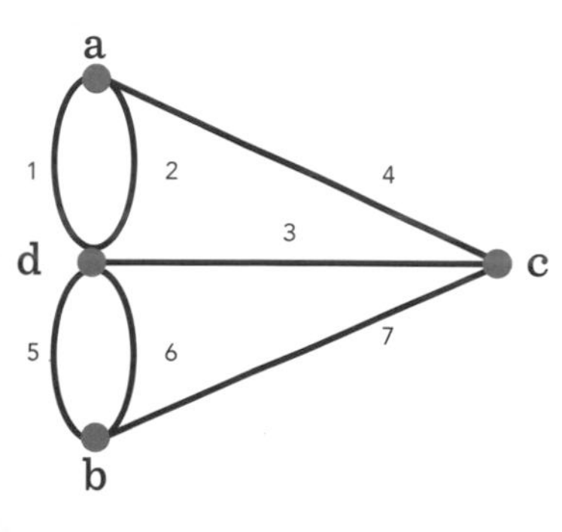

歐拉的解法

圖論

解決這個謎題的人是瑞士數學天才歐拉，他指出，橫跨的路線並不重要；唯一的重點是橋的模式。他把這個謎題簡化成一個由點和線組成的圖，來說明他的意思，在旁邊這張圖中，綠色的點（他稱為節點）代表陸地，黑色的線代表橋。

歐拉證明出，這七座橋不可能在沒有重複的情況下全走過一遍，就此解決了這個問題。事實上他建立了一個方法，說明哪些情境下可找到這種路線——但柯尼斯堡不在其中。

重要的不是路線的布局或幾何結構，而是轉折點的模式。歐拉把整個問題簡化成一種由代表每塊陸地的點，以及把點或「節點」（node）連接起來的線組成的模式。

普遍性的網路

這正是他建立出一般法則的方式。照著歐拉的法則，你只要把類似的問題簡化成線與節點，就可以進行檢驗了。這些線與節點都不必和實際情況有任何關係；它完全是圖示。你只要讓節點的位置大致正確，讓線連接到這些節點。

這種單純的構想不僅把一個地理問題轉換成數學問題，也啟發了許多製圖家，領悟到他們通常只需透過圖像呈現出地點之間的連結，而不是兩地間蜿蜒道路的複雜細節。只要看看航線圖，或典型的倫敦地鐵路線圖，就會明白這個構想的效用和影響範圍多麼大。

良好的連結

因此他就用四個點代表陸塊，七條線代表七座橋。這立刻顯現出每個節點連通的程度：其中三個有三條連線，而第四個，也就是代表中央島的那個節點，有五條。一個節點有多少連線，現在有個術語叫做「價」（valency），這在拓樸學（topology）上十分重要，這個涵蓋廣泛的數學領域就受到了歐拉對柯尼斯堡七橋問題的研究的啟發。

歐拉研究的是閉巡邏（closed tour），也就是最後會回到起點的路徑，而終點不是出發點的路徑叫做開巡邏（open tour）。如果所有節點的連線數都是奇數，就不可能找到路線，這點在直覺上很顯而易見；你離開的點與抵達的點，數目必須是一樣的，換句話說，必須至少有一個節點有偶數條連線。

開巡邏也是同樣的道理。無論你怎麼安排，都必須恰好有兩個節點有偶數條連線，一個當出發點，另一個當終點。

歐拉接著又證明了數學上必定是這樣，把連線數變成數字。他的證明十分複雜，但在今天可以用更單純的證明方法。

現在要往哪裡去？

歐拉的解法，或者該說是推導出無解的證明，是個巧妙的推論。他為了要能用數學來處理，而把問題簡化成線與點，這套方法後來以他預料不到的方式繼續發展下去。

首先，它提供數學家非常棒的新方法解決像這樣的問題，而且它的應用範圍迅速擴大。舉例來說，今天這個方法就應用在貨物流動的計畫上。但隨後數學家開始意識到，有一整個數學領域在探討網路、曲面及布局，這個領域叫做拓樸學，而且是在20世紀初科學家和數學家開始探究多維的空間時，才真正充分發揮所長。數學家開始明白，這個方法提供了解決複雜方程式的途徑，正如已故的瑪麗安・米爾札哈尼（Maryam Mirzakhani）近年的研究中顯示的，它仍走在高等數學的尖端。歐拉的七座橋走得真遠！

1742年

相關的數學家：
克里斯提安・哥德巴赫
（Christian Goldbach）

結論：
哥德巴赫對於質數的著名猜想還沒有獲得證明。

偶數可以拆成質數的和嗎？

簡單到令人洩氣的猜想

數的概念，或者該說是整數的概念，令17和18世紀的數學家特別著迷。那是純知識上的好奇心，不是要達到什麼明顯的實際目的。然而其中有幾位最出眾的人物，把注意力全部投入了就許多方面而言是數字遊戲的主題上。對他們來說，後來稱為數論的這個領域是最純粹的腦力活動形式，是在自己書房裡用紙筆就能進行的偉大謎題。

其中一位鍾情於數字謎題的人是克里斯提安・哥德巴赫（Christian Goldbach），他雖然不是特別傑出，但很聰明，提出了一個簡單卻不平凡的命題。這個命題稱為哥德巴赫猜想（Goldbach conjecture），而且在他之後的數學家都無法證明是否正確。它是數學上歷時最久的未解問題之一。

數學世界的中心

哥德巴赫在1690年出生於柯尼斯堡，柯尼斯堡是普魯士王國的小城，是現今俄羅斯的卡里寧格勒（Kaliningrad），但在18世紀時，那裡有特殊的知識活動進行著。它是一群偉大人物的居住地，包括大哲學家康德（Immanuel Kant），而更重要的也許是當時顯赫的數學家、數論界的元老歐拉。

哥德巴赫在35歲那年，成為聖彼得堡帝國科學院（Imperial Academy，也就是今天的俄羅斯科學院）的數學教授和歷史學家，他顯然善於與俄國宮廷建立人脈。三年

後他去莫斯科，擔任沙皇彼得二世的私人教師，而從1742年起進入俄國外交部任職。也就是在這段期間，現已52歲的他提出了那個即將讓他在數學家當中出名的最初想法。

哥德巴赫猜想

哥德巴赫在1742年7月，寫了一封興高采烈的信給歐拉。他在信中描述自己在質數方面剛得到的驚人發現——他是這麼想的。質數就是只能被本身和1整除的數。哥德巴赫寫道：

> *每個可以寫成兩個質數之和的整數，都能寫成多個質數的和，想寫多少個就寫多少個，直到所有的項都是1為止。*

在哥德巴赫的時代，1也視為質數。換句話說，大於2的質數可以分解成幾個質數相加起來的結果。

這個想法令歐拉興奮不已，兩位數學家隨後又就這個問題通了幾次信。歐拉做了一個十分重要的變更，就是把哥德巴赫的陳述轉個方向來說。現在它是說，每個偶數都可以分解成兩個質數的和：

6 = 3 + 3

8 = 3 + 5

10 = 3 + 7 = 5 + 5

12 = 7 + 5

...

100 = 3 + 97 = 11 + 89 = 17 + 83 = 29 + 71 = 41 + 59 = 47 + 53

以此類推到無限大。這是個大而簡單的斷言。在1742年6月30日的通信中，歐拉表達自己確信哥德巴赫是對的，但無法證明。此後也沒有數學家證明出來。

證明哥德巴赫猜想的各種努力

隨著這兩個柯尼斯堡人持續通信，這個想法出現了不同的版本。哥德巴赫猜想現在有兩個極重要的版本：一是「弱」哥德巴赫猜想，一是涵蓋較全面的「強」哥德巴赫猜想，強哥德巴赫猜想若證明成立，弱哥德巴赫猜想也一定會成立。弱哥德巴赫猜想本質上就是哥德巴赫的原初版本，是說任意奇數都可表示成不超過三個質數的和。強哥德巴赫猜想差不多就是歐拉提出的版本，是說偶數都可以表示成兩個質數的和。

哥德巴赫猜想這麼簡單的想法，不斷煩擾此後的數學家。它看起來很簡單，讓他們相信解開謎團之後，總會揭露某個關於數的基本事實。

其中一個解決途徑是找出不符合這個猜想的數。只要找到一個例外，這個猜想就不成立了。在2013年，有一部電腦驗證了4×10^{18}（4,000,000,000,000,000,000）以內的所有偶數，沒有發現反例。數字愈大，用質數相加出來的可能性就愈多，所以我們似乎極不可能找到反例。

但對數學家來說，「極不可能」不等於證明，因此在那之後有很多人在找數學證明。結果，有幾個變型證明出來了。比如說1930年，蘇聯數學家列夫．史尼爾曼（Lev Shnirelman）證明了，每個數都可以表示成不超過20個質數的和；1937年，另外一位蘇聯數學家伊凡．維諾格拉多夫（Ivan Vinogradov）證明出，每個大的奇數都能表示成三個質數的和。

這個謎團的吸引力持續不墜，英國的出版社Faber & Faber甚至在2000年提供100萬美元，獎勵能夠證明強哥德巴赫猜想的人。2012年，澳洲美國籍華裔數學家陶哲軒證實奇數可以表示成最多五個質數的和，差一點就證明了弱哥德巴赫猜想。不過還沒有人接近強哥德巴赫猜想的證明，看來這個猜想注定會打敗最聰明的數學家。

流動要如何計算？

空間受限制的流動，守恆的能量

1752年

相關的數學家：
丹尼爾・白努利
（Daniel Bernoulli）

結論：
血流的研究啟發白努利解釋速率為什麼會隨壓力變大而變慢。

瑞士數學家丹尼爾・白努利（Daniel Bernoulli）在1730年左右發現的白努利原理（Bernoulli principle），或稱白努利方程式，是有史以來對流體流動最基本的獨到見解之一。這個原理指出，在特殊的條件下，壓力與速率是成反比關係的，尤其是流體在變慢時，它的壓力會變大，而流速變快時壓力變小。它在了解機翼為什麼能讓飛機飛行、棒球投手要怎麼投出曲球等一切事物上，扮演了極重要的角色。

白努利做出這項發現時還不到30歲，在女皇凱薩琳一世的贊助下於聖彼得堡工作。他的助手是另外一位傑出的年輕瑞士數學家歐拉，兩人迷上了流體流動的數學。

流過動脈和靜脈

說來諷刺，白努利會對流體流動產生興趣，是因為鼎鼎大名的父親約翰・白努利要他違背意願放棄鍾愛的數學，改讀醫學。丹尼爾在讀醫學的時候，開始迷上威廉・哈維（William Harvey）在一個世紀前發展起來的血液循環理論。他的興趣並不在生理學上，而是對血液流過動脈與靜脈的方式，以及血壓和血流速率會如何變動很感興趣。

後來他沒能完成醫學研究，對這個主題的興趣讓他發明了一種在船上使用的沙漏，裡面的細沙即使在最狂暴的暴風雨中也能平穩流動。這個簡單的發明，讓他榮獲法國科學院的首獎，並獲邀到俄國。不過，沙子通過沙漏頸部的流動方式，對他

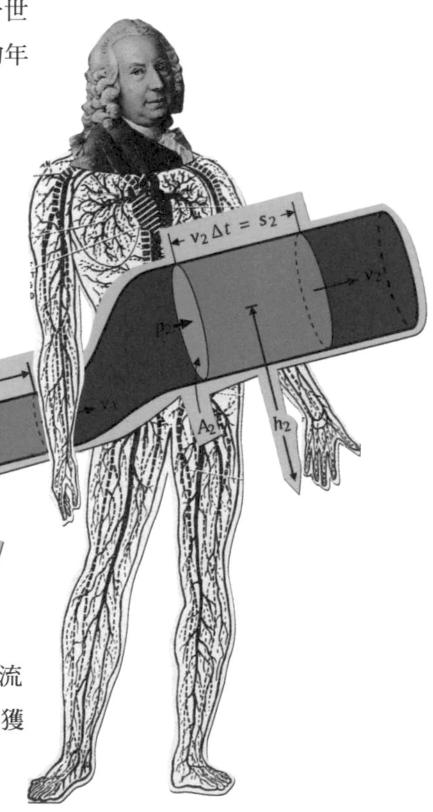

想弄清楚如血液等流體中的分子在流過像瓶頸般的限制時會有什麼樣的行為，提供了至關重要的想法。

能量守恆

另外一個關鍵的見解，來自他十幾歲時和他爸爸的數學閒聊中，曾引發他想像力的主題：能量守恆——無論能量在系統內經過多少次轉換，系統內的總能量永遠保持不變。好比你坐在鞦韆上，盪到最高點時，你會獲得很多「位」能，而在往下盪的過程中，則會損失位能，但獲得「動」能，而這個動能會把你帶到高處。

白努利和歐拉一起著手實驗，讓水流過不同直徑的管子。他注意到水在斷面寬的管子裡流得慢，但一進入狹小的空間流速就會加快。他牢記著能量守恆定律，所以知道加速度不可能與能量變化有關。

白努利知道，流體在通過狹小空間時，動能一定會隨著速率遞增。但這個額外的動能是從哪裡來的？就像盪鞦韆一樣，它一定來自位能，而位能一定是在斷面較寬處的較大壓力產生的，這股壓力驅動了水流。氣體受壓縮時會擠出，而水與氣體不同，是不可壓縮的，這個情況就很像流過沙漏頸部的沙子。

但是受限能量在獲得額外的速率與能量時，不可能沒有損失壓力。當頸部變窄，流動與流速變快，壓力一定會變小。

為了證明這件事，白努利在管壁上打洞，然後插一根有開口的直立玻璃吸管。流體在吸管內的上升高度，可清楚顯示壓力。把一根細玻璃管插進動脈，雖然有點殘忍，但很快就成為內科醫生量測血流的標準做法，且將近170年下來都這麼做。

空間受限制的流動

利用這個簡單的裝置，白努利就可以證明，當流體進入狹小的空間，流動會加速，壓力會變小，這就叫做白努利原理。大約20年後，歐拉把這個原理寫成一個方程式，現在稱為白努利方程式：

$$v^2/2 + gz + P/\rho = \text{常數}$$

其中的v是流體的流速，g是重力加速度，z是高度，P是所選定的點的壓力，ρ是流體中各點的流體密度。

有個重要的限制是，白努利原理只能應用到所謂的層流（laminar flow），就像氣體定律僅限於「理想」氣體。層流平穩又規律，始終以相同的流速朝相同的方向流動。這個原理不適用於紊流（turbulent flow），但對液體與氣體的層流都有效。

白努利原理帶來的關鍵見解是，擠壓流動會讓流速加快，壓力變小。這在許多情況下都會發揮作用，舉例來說，這正是空氣在流過弧形機翼上方時會加快、降低壓力、產生升力的原因。弧形船帆也是同樣的道理。

白努利過了一段時間才發表他的想法，惟恐惹父親不高興。1737年，他終於寫成一本書《流體動力學》（*Hydrodynamica*），題獻給他的爸爸。然而約翰非但沒被平撫，還借用了兒子的許多想法放在他自己的書《水力學》（*Hydraulics*）裡，以示報復。丹尼爾這時徹底放棄數學，壓力大到他索性就順水推舟吧。

1772年

相關的數學家：
約瑟夫－路易・拉格朗日（Joseph-Louis Lagrange）

結論：
太空中有幾個可用數學方法推算出來的點，萬有引力在這些點會完全達到平衡。

在太空中哪裡可以停車？

三體問題

自從牛頓描述出重力，數學家就對三體問題（three-body problem）很感興趣。他們談論的當然不是麻煩的三角關係，而是三個像行星或衛星這樣的「物體」之間的萬有引力會如何作用。

1687年，牛頓利用他的重力理論說明了兩個物體如何相互作用，以及兩物體如何沿著彼此重心的連線互相吸引。把兩物體的動量考慮進來（動量的作用方向與重力相反），就可以用相當簡單的數學算出它們的運動方式。但當你加進第三個物體，構成了一個三角形，譬如太陽、地球、月球之間的情形，會發生什麼情況呢？

複雜的力學

加進這第三個物體後會用到的數學極其複雜，即使到今天，在引起幾位最偉大數學家重視的三個半世紀後，這個問題還沒有完全解決。

萬有引力是相互作用的，太陽、月球、地球各有各的動量，但都會同時受到其他兩個天體的引力影響，並且隨著各自在太空中的游移和彼此間的距離變化而不斷變動。除此之外，地球和月球都不是正球形，這又增加了難度。

許多數學家嘗試掌握這個問題的方法是只去研究有限的層面，其中探究得最多的是月球運動。但在1760年，瑞士數學家歐拉引進了設限三體問題（restricted three-body problem），也就是第三個物體只是個無窮小的質點，對其他兩個物體沒有引力作用。

吸引了約瑟夫－路易・拉格朗日（Joseph-Louis Lagrange）的正是這一點，他在歐拉之後接任普魯士科學院（Prussian Academy of Sciences，位於柏林）數學所長職務。拉格朗日出生於義大利的杜林（Turin），他的父親是法國軍人，曾經很有錢，後來做投機買賣賠光所有的財產。年輕的拉格朗日是個天才，才17歲就當上教授。

拉格朗日待在柏林的期間，做出他最優異的數學研究，包括1788年的專著《分析力學》（*Mécanique analytique*），這本書可能算是18世紀最重要的數學物理學著作。拉格朗日在這本書中發展出「變分法」（calculus of variations），把力學的著重點從牛頓模型裡的定向作用力，徹底重新表述成他的模型裡的功與能量，稱為拉格朗日力學。在牛頓力學中，你必須知道力的作用方向；拉格朗日運用了與方向無關的能量，結果證明這對於質點運動的計算遠比牛頓的方法有用。

拉格朗日力學讓計算更容易，也讓我們對運動在宇宙中發生的過程有更深刻的了解，這是驚人的代數成就。拉格朗日堅信不必訴諸幾何的解析幾何威力強大，斷然不肯在自己的著作裡放圖解。

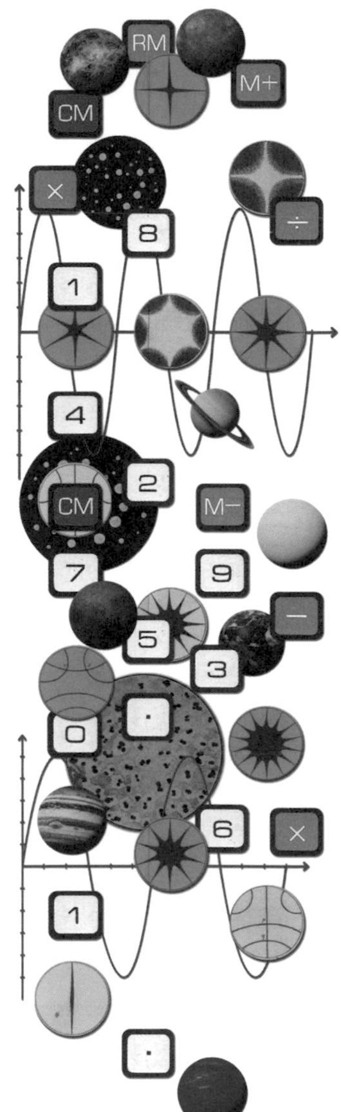

拉格朗日點

在寫作《分析力學》的途中，拉格朗日還研究了歐拉所提的設限三體問題，這讓他做出了一個了不起的發現，現在叫做拉格朗日點（Lagrangian points）。歐拉研究的這個三體問題版本中，第三個物體微小到對其他兩個沒有引力影響，拉格朗日的方法是再進一步限制，讓軌道變圓形，並忽略柯氏力（Coriolis force，由行星自轉造成的假想力）。

拉格朗日點是指太空中的兩個天體，如太陽與地球或地球與月球，引力的合力剛好和小質量物體所受的向心力達到平衡的微小位置。這個交互作用會在太空中製造出「停車位」，讓小行星或太空船之類的小物體無限期在此逗留，這也表示那些位置是人造衛星的理想地點。和太陽、地球、月球有關的拉格朗日點有五個，但在恆星與行星有交互作用的任何地方都有類似的點。

太空中的停車位

前三個拉格朗日點全在同一條直線上，是歐拉試算出來的。第一個點L_1，位於太陽與地球之間，距離地球大約160萬公里，太陽和太陽圈觀測衛星（SOHO）就待在這裡時時刻刻看著太陽。L_2在地球背對太陽的後方160公里處，比月球的距離還要遠；這是美國航太總署（NASA）威爾金森微波各向異性探測衛星（WMAP）所在的位置，這個衛星負責量測大霹靂後殘留下來的宇宙背景輻射。L_3在太陽的後方，和地球遙遙相對；這個點被太陽遮住了，所以科學家目前還看不出它的用途。

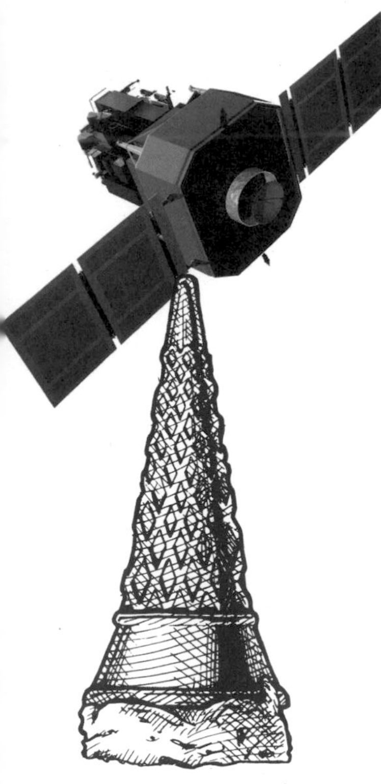

這三個點都非常不穩定，人造衛星要停泊在那裡，就像在圓錐尖上保持平衡，需要不斷小幅調整才能待在原地。但在1772年，拉格朗日發現另外兩個點，L_4和L_5，與地日中心線夾了某個角度，形成一個三角形。這兩個點很穩定，塵埃與小行星積聚在這裡，包括希臘群和特洛伊群小行星。

有些科學家甚至提到，L_4和L_5這麼穩定，說不定可以當人造太空殖民地的地點。假如有那麼一天，地球變得不堪負荷，也許你會想去L……

螞蟻能夠判斷自己在一顆球上嗎？

高斯曲率

1796年

相關的數學家：
卡爾・弗里德利希・高斯
（Carl Friedrich Gauss）

結論：
在像球的表面這樣的彎曲面上，三角形的三個角加起來不會等於180°。

高斯在1777年出生於布朗施維克（Brunswick，現在是德國的一部分），他的母親不識字，未曾記錄他的出生日期，只記得是在某個星期三，耶穌升天節前八天，也就是復活節後39天。高斯寫出了一個可算出復活節的公式，推算自己的生日應該是在4月30日。

從1加到100

關於高斯最有名的故事，大概就是他在七歲的時候，老師出了題目要班上的學生把1到100的整數全加起來；也就是1 + 2 + 3 + 4 + ... + 100。小高斯在很短的時間內就算出答案：5050。

他的做法可能是想像所有這些整數一字排開，然後在下方依照相反的順序寫出這一百個數字。最後再一一上下相加。

這樣就算出了1到100相加兩次的總和100×101 = 10100；所以原題目的答案是10100的一半，也就是5050。高斯夠聰明，在腦袋裡就能算出答案——說不定他在這之前已經解過這個謎題了。

高斯曲率

歐幾里得描述的基礎幾何學（見第34頁），談論的永遠是平坦的面或平面，在這種平面上，三角形的內角和會等於

180°。然而在彎曲面上，這個結果就不再正確了。

就拿地球的模型來說吧，格林威治子午線和西經90度線在北極以90°相交，而且與赤道的夾角都是90°，因此這個三角形的內角加起來會等於3×90°=270°，而不是180°。高斯把這種幾何稱為「非歐幾何」（Non-Euclidean geometry）。

高斯本人描述了一隻在大球表面上爬行的螞蟻，難以判斷表面是平坦的還是彎曲的，卻可以畫出三角形，看看三個角加起來是否等於180°。

布朗施維克公爵耳聞高斯的才華，就把他送進哥廷根大學（University of Göttingen），19歲的高斯在那裡做出了震撼數學界的發現。

十七邊形

費馬曾經研究一組形式為$F_n = 2^x + 1$的數，其中$x = 2^n$，n是非負整數（即0和正整數）。F_n的前四個數是3, 5, 17, 257，全是質數，也就稱為費馬質數。

高斯發現，只要正多邊形的邊數等於零個或多個相異費馬質數乘以2的0, 1, 2, 3, 4, ... 次方的乘積，就可以用直尺與圓規作出。換句話說，他可以用尺規作圖的方法作出正三角形、正五邊形、正十七邊形，甚至是有257邊的多邊形。

這項發現讓高斯決心成為全職數學家，他還要求把正17邊形刻在自己的墓碑上。很可惜，石匠說這太困難了，不管怎樣都會像個沒畫好的圓。

三角形數

三角形數是1, 3, 6, 10, 15, 21等等；這些數當中的每一個，都可以表示成由圓點排列出的正三角形。

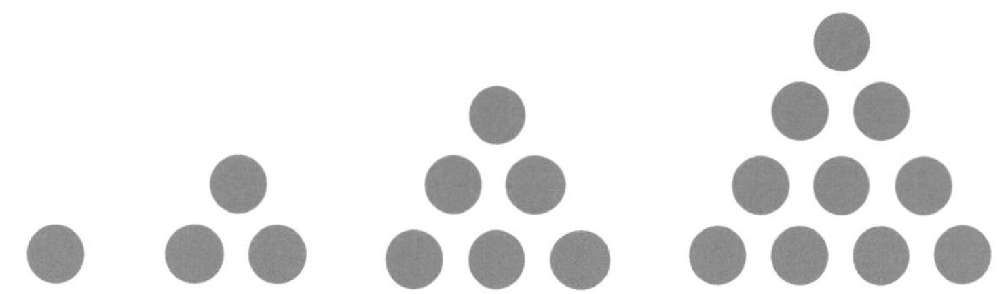

高斯在1796年7月10日的日記中寫道：「我發現了——num = Δ + Δ + Δ」，所指的就是他發現每個數都可寫成最多三個三角形數的和。

因此

5 = 3 + 1 + 1,

7 = 6 + 1,

27 = 21 + 6

以此類推。

質數分布

高斯就像其他許多數學家一樣，對質數本身和質數的分布情形很感興趣。要預測下一個質數出現在哪裡，是十分困難的，不過高斯在研究質數表之後，猛然發現一個有趣的模式。在大約第一萬個質數之後，每當他把自然數N乘以10，就必須在兩質數之間的非質數平均個數加上2.3。這看起來很像對數的關係——把相乘變成相加（見第63頁）。

高斯在15歲的時候就把他的發現列成一張表，知道自己可以利用自然對數算出質數的各種性質。比方說，從1到N為止，約有1/ln(N) 是質數，小於N的質數個數大約是N/ln(N)。這個數學關係是數論上的重大突破。

第5章：救命、邏輯與實驗：1797–1899年

這是工業革命的時代。機器更龐大，代表效力強大的實驗更多，而從這些實驗得到的結果需要靠數學來解釋。事實上，與熱有關的實驗讓傅立葉（Fourier）得到他在正弦波方面的結果。然而這有兩種影響，有些數學家，像查爾斯．巴貝奇（Charles Babbage），會去研究這些機器，想知道它們能給數學什麼幫助，從而替下個世紀的發明奠定了基礎。

不過，這個時代的人也對各式各樣更抽象的數學更感興趣。

這段時期最抽象的數學領域也許就是拓樸學了，這是在研究變形的幾何物件——把它們當成泥塑黏土。但抽象不代表沒什麼實際用途。布爾（Boole）的數理邏輯是在運用代數解決邏輯問題，看似非常抽象，然而我們今天使用的幾乎所有技術，基本上都應用了布爾代數。

1807年

相關的數學家：
讓－巴普提斯特・傅立葉
(Jean-Baptiste Fourier)

結論：
傅立葉在嘗試理解熱傳導的過程中，發明了今天最強大且無所不在的數學工具之一。

波動怎麼造成溫室效應？

傅立葉變換

在你聽見鋼琴發出的響亮樂音時，聲音是透過空氣傳到你耳中的，空氣不斷受到壓縮和拉伸，很快速地把空氣分子推擠在一起然後再拉開，而讓聲音可以傳播。可是你不會感覺到耳朵來回微震，只會聽到美妙的聲音。耳內神經末梢的構造，把空氣的振動轉換成聽得見的音調。

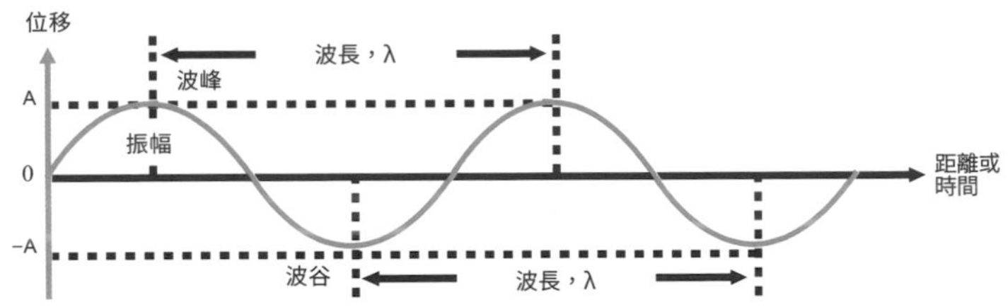

正弦波的局部

傅立葉變換

宇宙中幾乎每個想得到的角落，都有類似把聲波訊號轉換成聲音輸出這樣的變換。波（wave）就是會擴散並傳遞能量的反覆擾動，可描述成波的運動多不勝數——不光是聲音，還有電磁、熱、無線電、湖面上的漣漪、股市裡的變動等等。多虧法國數學家讓－巴普提斯特・傅立葉（Jean-Baptiste Fourier）在1807年發展出來的絕妙分析方法，稱為傅立葉變換（Fourier transform），現在我們有了描繪這些波的數學工具，就像耳朵把聲波轉換成樂音一樣。傅立葉變換可以把複雜的振動，轉換成單純又對稱的曲線圖形，叫做正弦波（sine wave），每當科學家想研究複雜的起伏波動，就是傅立葉變換發揮實力的時候。要從背景雜訊中分辨出真正的訊號，不管是天文學上來自遙遠星系的輻射，或是網路上的數位影像壓縮，傅立葉變換都是很棒的數學工具。

傅立葉在1768年出生於法國奧塞荷（Auxerre），在法國大革命的籠罩下長大，而後積極倡導法國大革命的宗旨。他在1795年因反對暴力手段入獄一小段時間，但隨後又復職，還受命出任名校綜合理工學院（École Polytechnique）的教授。1798年，他以科學顧問的身分隨同拿破崙出征埃及。他愛上了埃及的酷熱天氣，1801年返回法國之後，他還讓房間的溫度熱到荒謬的程度，始終用厚衣服把自己包起來。

傅立葉受拿破崙之命出任格勒諾勃（Grenoble）市長之後，開始實驗熱在金屬棒上的傳播方式，然後於1807年，把他的初步研究結果發表在重要的論文〈論固體中的熱傳導〉（Mémoire sur la propagation de la chaleur dans les corps solides）中，在1822年又進一步出版了《熱的解析理論》（*Théorie analytique de la chaleur*），提出更實在的研究成果。

模擬熱

在運用三角學之前，就有許多數學家用數學方法模擬熱的流動，並提出了正弦波。左頁的圖顯示出時間與強度變化的關係，正弦波則用一條漂亮對稱的上下起伏曲線，呈現出振盪或規律的位移（如聲音裡空氣分子的運動）。曲線角度的正弦值，與位移的強度相符。傅立葉是在向大家說明，要怎麼把各種複雜的振盪轉換成單純的正弦波。

聲音傳進你的耳朵時，聲波是一團亂糟糟的頻率（決定音高）與振幅（決定響度），你的耳朵的工作就是在分辨這些頻率與振幅，並轉換成神經訊號，而這些訊號就可以產生容易理解的音調。傅立葉變換運用一個基本的偏微分方程式，叫做熱方程式（heat equation），把複雜的訊號變成正弦波。每當你把數位照片壓縮成jpeg格式的圖檔，就是在使用某個仰賴傅立葉變換的方法。

傅立葉只對熱感興趣，但很快就領悟到這個方法的應用範圍可能有多廣。著名物理學家克耳文勳爵（Lord Kelvin）在45年後寫道：

> *傅立葉定理不僅是現代分析學最漂亮的結果之一，而且可說是為處理幾乎所有深奧難懂的近代物理學問題，提供了不可缺少的工具。*

溫室效應

不過，傅立葉對於熱流動的著迷，也把他引導到另一個重大的發現——溫室效應。在1820年代，前一個世紀由奧拉斯－班內迪克．索敘爾（Horace-Bénédict de Saussure）做的「熱箱」（hot boxes）實驗，引發了傅立葉的好奇心。熱箱是裡面襯了黑色軟木並放在陽光下的木箱。索敘爾把箱子內分隔成三個小格，結果觀察到中間那一格溫度上升得最多。

傅立葉知道，原因出在熱的吸收與散失方式。他自己做了玻璃的熱箱。經過一段時間，箱內的空氣溫度比周圍的空氣來得高，顯示玻璃讓陽光進入卻也把熱困在裡面。他推測地球也是如此，陽光進入大氣層並讓地球升溫，好比陽光照射進玻璃，但大氣層裡的氣體也像玻璃一樣，阻止部分的熱氣逸出回到太空中。由於他的模型很像溫室，後來這就叫做「溫室效應」。

振動為什麼會產生模式？

彈性數學理論的起步

1815年

相關的數學家：
瑪麗－蘇菲・熱爾曼
（Marie-Sophie Germain）

結論：
儘管受到阻撓，熱爾曼仍在彈性數學理論方面取得極大的進展。

德國物理學家恩斯特・克拉尼（Ernst Chladni）的振動板實驗，是科學史上數一數二的漂亮實驗。他先把沙子撒在金屬板上，然後用小提琴弓擦過金屬板，上面的沙子立刻抖動起來，停下來之後排列成很奇妙的圖樣，叫做克拉尼圖形（Chladni figure）。這個效應非常奇特，看起來幾乎像在變魔術。

1808年克拉尼在拿破崙面前示範他的振動板時，拿破崙也這麼認為，他立刻提供黃金1公斤，要賞賜能解釋這個現象的數學家。可是這個問題把大部分的數學家嚇倒了，雖然有獎賞的誘惑，還是不敢嘗試。然而有個年輕女子，瑪麗－蘇菲・熱爾曼（Marie-Sophie Germain），全心投入解決這個問題，並且在過程中對於彈性的數學理論，以及金屬在受力時會如何彎曲與回彈，取得了重大突破。

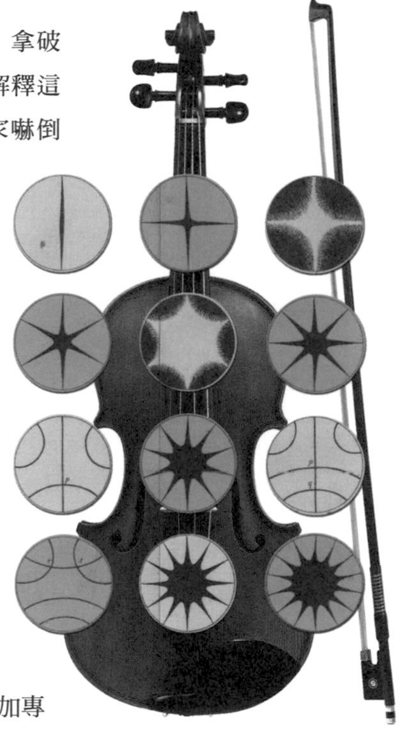

非傳統女性

熱爾曼是數學史上最奇特的人物之一。她1776年出生於巴黎，法國大革命爆發時才13歲，由於關在家裡，她就開始沉浸在父親書房裡的數學書堆中。但她對數學日漸濃厚的熱愛，不合乎淑女的身分，所以父母把她的厚衣服丟進火爐裡燒掉，想阻撓她在夜裡研讀。結果她還是瑟縮在被窩裡繼續讀，讀得更加專注，最後父母只好由她去。

她用男性的假名奧古斯特・勒布朗（Auguste Le Blanc）

在綜合理工學院註冊入學，可是後來逼不得已，向授課指導老師透露她的身分，這位導師正是傑出的數學家拉格朗日。他對她的數學才能印象深刻，後來成為她終生的支持者。

獎賞

熱爾曼要面對的問題之一是，女性的身分讓她被拒於整套訓練之外，不得其門而入，因此她的研究中往往會有基本錯誤造成的漏洞，而讓人沒注意到真正的才華。儘管如此，她受到歐拉的研究成果啟發，提出了一個描述彈性的方程式，並在1811年提交到負責評定獎賞的法蘭西學會（Institute of France）。不過儘管她是唯一的參賽者，但她就因為那些基本的漏洞而未能獲獎，那些黃金也就留待下一年。

這一次，拉格朗日湊出了一個方程式，來支撐她的分析。雖然她能論證拉格朗日的方程式確實產生了幾種克拉尼圖樣，不過評審認為數學背景不完整。於是，唯一的參賽者熱爾曼第二度遭拒，只獲得了榮譽獎。

1815年，獎賞第三度提供，熱爾曼終於獲獎了，但這是個苦樂參半的場合。沒錯，她終於贏了，在一場使其他數學家都打消念頭的追尋中提供了答案，不過在典禮進行前不久，其中一位評審西莫恩·卜瓦松（Siméon Poisson）草草寫了短箋給她，說她的分析有漏洞，在數學上不夠嚴謹；卜瓦松本人也在研究彈性理論。

儘管如此，她仍繼續研究彈性理論，在1825年提交了一篇重要的論文給法蘭西學會。然而學會視若無睹（卜瓦松是學會委員之一），這篇論文遺失了55年，直到1880年才又出現，並顯露出熱爾曼在彈性數學理論方面取得多麼重大的進展。

重新發現

熱爾曼的數學家同行之一奧古斯丁－路易・柯西（Augustin-Louis Cauchy, 1789–1857）讀了她這篇論文，並建議她發表。柯西在1822年寫過一篇開創性的論文，論證應力波在彈性材料上的傳播方式。這篇論文標誌著「連體力學」科學的開端，把材料視為連續的整體，而不是粒子的集合體。很難不去想像熱爾曼的研究對他有重大的影響。

熱爾曼的研究還顯示，克拉尼的振動板上會出現圖樣，是因為只有那些位置保持不動。小提琴弓讓金屬板振動時，沙子會逐漸跳到幾個死角，然後在那兒沉澱並堆積起來。這些靜止點的圖樣，取決於金屬板在弓擦過時稍微彎曲的方式。金屬板當然不止彎曲一次；它會振盪，就像直尺的一端壓住然後彈一下那樣來回稍微彎曲。因此，金屬板的些微變形就是一種振動，以波動的形式在金屬板上傳播。

熱爾曼的研究成果說明「在表面上一點的彈性，與那一點的主曲率半徑總和成比例」，總結了這些彈性波的形狀。最後一篇論文把她對曲率與彈性的想法集合起來，幫助科學家發現彈性固體的平衡與運動定律，也就是我們可以在肥皂泡泡裡看到的定律。

熱爾曼把餘生都投入了費馬最後定理（見第165頁）。她提出了最早的部分證明之一，發現一個特殊的質數類型，現在叫做熱爾曼質數，這類質數在1990年代費馬最後定理的最終證明中占有一席之地。

1832年

相關的數學家：
耶瓦里斯・伽羅瓦
（Evariste Galois）

結論：
某個英年早逝的輝煌人生，給了我們一項解複雜方程式的有力工具：群論。

有任何解法嗎？

解方程式的新方法

耶瓦里斯・伽羅瓦（Evariste Galois）發現了對稱性在求解複雜方程式上的威力，而這段故事也是數學史上最激勵人心又最悲慘的故事之一。

伽羅瓦成長於法國拿破崙帝國垮臺之後，青少年時是忠誠的共和體制擁護者，這常讓他陷入窘境。他是個頗有才氣、想像力很豐富的男孩，經常用難辨認的筆跡，把自己對數學問題的理解記在小紙片上。

支離破碎的天才

伽羅瓦的老師不知道他那些皺巴巴的紙片上，寫的是那個時代的重要數學進展之一。伽羅瓦對複雜的方程式極為著迷，特別是對代數公式解複雜方程式的限制；找出複雜方程式的代數解法是當時數學家都在做的事情。他很快就證明了二次、三次、四次方程式（最高次數是平方、立方、四次方的方程式）都找得到代數解法，但五次以上的方程式找不到。

到16歲的時候，他提出了求解這些複雜方程式的創新方法。伽羅瓦把想法寫成論文，在1829年到1831年間三次提交到法國科學院。前兩次提出的論文石沉大海，第三次被退稿，其中還附了評審之一卜瓦松——就是大肆批評熱爾曼論文的那位評審（見前一節）——的退稿報告，報告中寫到伽羅瓦的研究難以理解，而且有重大錯誤（這點並不正確）。

悲慘的轉折

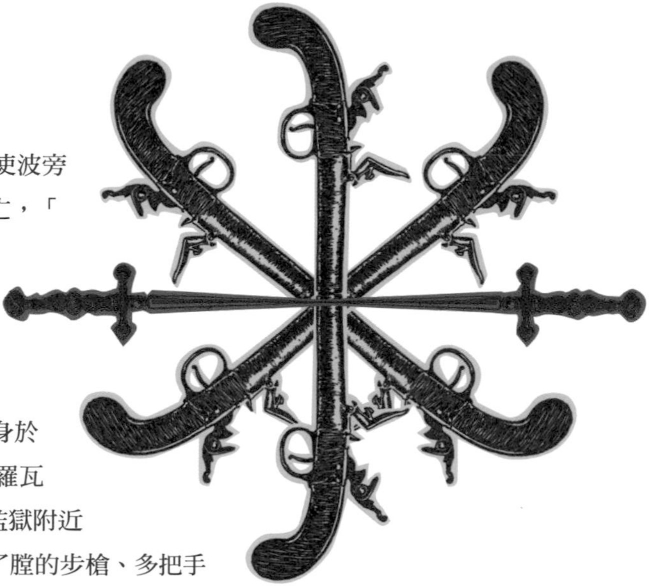

在這個時候，七月革命已經迫使波旁王朝最後一位國王查理十世流亡，「公民國王」路易－菲利普登上王位。伽羅瓦的人生因為父親自殺，而受到沉痛的打擊。可能是父親之死和投稿遭拒帶來的痛苦所致，他開始投身於擁護共和政體的激進行動。伽羅瓦兩次被拘捕，第三次在巴士底監獄附近被逮補時，他身上攜帶一枝上了膛的步槍、多把手槍和匕首，這次他進了監獄，在獄中受到幾個獄友欺虐，曾經企圖自殺。

他在1832年4月出獄時，愛上了一個名叫史蒂芬妮－費莉絲·莫帖爾（Stéphanie-Felice du Motel）的女孩。他們有通信，而且伽羅瓦的數學筆記裡也潦草提過史蒂芬妮幾次，不過事情顯然進展得不順。伽羅瓦在5月30日與人決鬥，不幸中槍，不久之後就死了，死時年僅20歲。

共通之處

也許預料到自己會死，伽羅瓦決鬥前夕徹夜寫出他的想法，而他在數學史上的地位就有賴於這些拚命寫下來的筆記。伽羅瓦在筆記裡解釋，在求解複雜方程式的時候，可以從對稱性和模式著眼，而不必徒勞無功地只想套出代數解法。

比方說，$\sqrt{4}$ 等於什麼？顯見的答案是2，但也可以是-2。不同的解之間雖然有差異，但也有對稱性存在，因為-2正是+2的翻轉。伽羅瓦的高明見解就是，你不需要進行分解

去找到解法，而是把不同的部分或「群」（group）用不同的排列來交換位置。

對稱性的威力

對稱性的概念十分重要。譬如正方形，就有許多種對稱方式，把它旋轉90° 之後，看起來仍然一樣，把它翻面，看起來也還是一樣。不過，順著一個方向翻面，會得到一個定向，而順著另一個方向翻面，則會朝向另一面，魔術方塊就是這種對稱旋轉的著名例子。伽羅瓦所談的當然不是真正的正方形或正方體，而是由方程式裡的項構成的群，但概念是一樣的；求解方程式變成很像在利用各種組合破解魔術方塊。這是個高明無比的見解。

數學家在很長一段時間之後，才充分理解伽羅瓦提出的想法的真正意義。群論（group theory）在20世紀成為重要的數學分支，此後也出現了各種不同的群。

今天的伽羅瓦

在2008年，約翰・格里格斯・湯普森（John Griggs Thompson）和雅克・蒂茨（Jacques Tits）兩位教授，獲頒數學界最高榮譽之一的阿貝爾獎（Abel Prize），「表彰他們在代數方面的重大成就，尤其是建立起近代群論」，這在某種程度上也顯出群的廣泛範圍。他們欠伽羅瓦的恩情很明顯，欠了將近兩個世紀之久。

更重要的是，群論幫助物理學家描繪出遍及不同粒子與交互作用的對稱性，而成為理解次原子世界所需的數學。如果沒有伽羅瓦的數學，就不可能有量子物理學。

機器可以製表嗎？

最早的機械式電腦

1837年

相關的數學家：
查爾斯・巴貝奇
（Charles Babbage）、
愛妲・勒夫雷思
（Ada Lovelace）

結論：
巴貝奇在機械式計算器方面的構想，幫助勒夫雷思設計出電腦程式的前身。

1810年，劍橋大學的學生查爾斯・巴貝奇（Charles Babbage）坐在圖書館裡看著對數表，這時他突然想到該怎麼解決對數表出錯的問題。

終結錯誤的機器

最早的對數表是納皮爾製作出來的（見第63頁），他花了很多年算出這些對數值，有很多人要仰賴對數值進行計算。問題是，這種表在製作上太容易出錯了──譬如把2寫成3，或是漏寫了一個數字。人都會犯錯。對數表有錯，就會讓後來使用這些表的人產生數不清的失誤──不是沒趕上公車這種失誤，而是把複雜問題的答案算錯。

如果可以讓一部機器來編製對數表呢？那就不會出錯了，不會錯過公車，往後也不會有問題。巴貝奇一開始假設自己想算出所有正整數的平方；前幾個是1×1=1, 2×2 = 4, 3×3 = 9, 4×4 = 16, 5×5 = 25。剛開始很簡單，但當你想計算像是279×279，就變得困難了。不過，看看上面這些平方數之間的差：1, 3, 5, 7, 9，是連續奇數，所以如果要找下一個平方數，你只需要把$5^2 = 25$加上下一個奇數5 + 6 = 11就會得到36，加上6 + 7就得到49。

差分機

巴貝奇設計他的機器去做這些差的加減，稱它為「差分機」（difference engine）。他在1822年打造出簡單的六齒輪模型差分機，而且成功運轉了！英國皇家學會（Royal Society）很欣賞，天文學會（Astronomical Society）則把成立後的第一面金質獎章頒給他。為了打造出實物，巴貝奇需要大筆資金。他說服財政大臣提供1500英鎊，不幸的是他以為這只是預付金，政府卻認為這是全額。但至少巴貝奇可以開始打造他的差分機了。

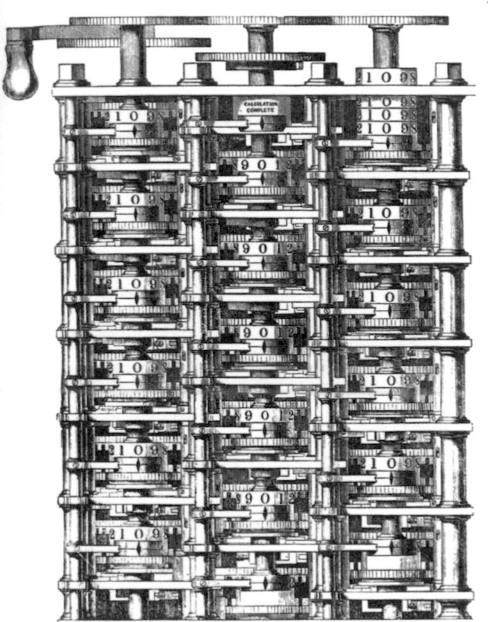

巴貝奇的差分機一直未能完工。他要求的工程設計精確度，幾乎超出了當時的技術範圍；巴貝奇和他的工程師喬瑟夫・克雷門（Joseph Clement）起了激烈的爭執，而他老是往國外跑，追求其他的夢想。最後政府給他1萬7000英鎊，這是驚人的數目，可是仍然不夠；他還需要更多的錢。

巴貝奇的機器

分析機

更糟糕的是，在1820年代後期，爭論還未平息，巴貝奇竟然又在構想更好的機器，「分析機」（analytical engine），這原本會是一部可程式化的計算機。可想而知，他得不到任何資金支持，要不是有愛妲・勒夫雷思（Ada Lovelace）的協助，這部機器可能就只會留存在他的腦袋裡了。

巴貝奇的分析機會讀取打孔卡上的指令，也就是我們現在所稱的程式。勒夫雷思描繪出「儲存」（store，也就是記憶體）及「研磨機」（mill，也就是中央處理單元），她還推測了這部機器的應用潛力，認為它不會產生原創的想法，可是會對科學進展有很大的幫助，對於譜寫樂曲或許也有幫助。

愛　．勒夫雷思

愛妲．勒夫雷思是浪漫派大詩人拜倫（Lord Byron）的女兒，她在1833年與巴貝奇相識，對他的計算機器構想很感興趣。1842年，有人把巴貝奇在杜林的演講內容整理成法文的論文，勒夫雷思把論文翻譯成英文，並聽從他的建議加上她自己的評註。結果，她的評註篇幅是那篇論文的兩倍，也是我們對巴貝奇分析機的潛能的最佳資訊來源。

最重要的是，勒夫雷思詳盡描述了分析機究竟需要什麼指令，才能執行一些複雜的數學計算。她是寫下這種概念的第一人，因此可以說是世上第一位電腦程式設計師。

第一個電腦程式

巴貝奇最後並未成功使用機器產生更準確的對數表。他發表了相當準確的對數表，但這些表都是徒手計算編製出來的。他的兩部機器都沒有建造完成，如他想像可用來執行計算的機器，要到一百年後才會出現。巴貝奇雖然沒機會看到自己的構想實現，但他和勒夫雷思打下的基礎，為20及21世紀的電腦應用發展鋪了路。如今電腦是數學研究的基本環節，除了做到巴貝奇所期待的，提供更準確的計算結果，電腦還替近來的數學家節省原本會花在枯燥乏味計算上的大量時間。

這些進展讓人從數學研究過程中空出時間，把心思集中在更概念性的想法上。就拿網際網路梅森質數大搜索（Great Internet Mersenne Prime Search, GIMPS）來說，這是個串連全球各地的電腦來尋找最大質數的網路，如果沒有巴貝奇與勒夫雷思的研究工作，可能就得徒手找出這些大質數。如今數學家不用把時間花在尋找質數上，就有時間研究質數的本質，探究質數分布的模式。

1847年

相關的數學家：
喬治・布爾
（George Boole）

結論：
布爾代數開創了一種遵循數學規則的邏輯。

思維的法則是什麼？

布爾代數的發明

1847年，英格蘭林肯郡有一位名不見經傳的平民學校校長，出面調停兩位數學家之間的糾紛，還發展出一個延伸的解答，結果證明這個解答是看待世界的全新方式，稱為邏輯代數（algebra of logic）。如果沒有這個思考方式，就不可能發展出現代的電腦技術。

這個校長當然不是普通的校長，他的大名是喬治・布爾（George Boole），雖然在窮鄉僻壤教書，但他已開始在數學圈子裡打出名號。不過，讓他聲名不墜並獲聘為愛爾蘭科克大學（Cork University）第一位數學教授的，是他在邏輯代數、現稱布爾代數（Boolean algebra）方面的研究成果。

數學的道理

布爾到了科克之後，才把他在林肯時寫於《邏輯之數學分析》（*Mathematical Analysis of Logic*）這本小冊子裡的原始想法，發展成1854年出版的傑作《思維法則》（*The Laws of Thought*）裡的成熟理論。布爾的偉大洞見是找到一種方法，可利用代數建立出一套能夠普遍應用到任何一個邏輯論證上的系統。

數理邏輯的觀念在先前半個世紀逐漸發展起來，但讓它站穩腳跟的是布爾。和系統邏輯有關的概念，早在幾千年前就發展出來了，特別是在亞里斯多德的著作中。亞里斯多德的系統包含了著名的三段論，也就是把一大一小的兩個假設或「前提」加以結合，產生一個結論。譬如你可能會說：所有的鳥類都會下蛋（大前提），母雞是鳥類（小前提），所以母雞會下蛋（結論）。

新的邏輯

布爾了解數學也是同樣的道理，所以他的想法是換一種方式表達哲學邏輯，這樣就能用同樣單純的數學精確性來陳述。他打算建立一套無所不包、可以普遍適用的思維體系，就像數學可以應用到各種不同的數值問題一樣。

他的方法是把加、減等數學運算，用簡單的對應字來代替，這些字提供了同樣的功能，但可以應用到任何的思路上。後來他意識到，可以把前提當成如X或Y等簡單的代數符號，這樣所有的東西就能簡化為三個運算：及（AND）、或（OR）、非（NOT）。

比方說，X與Y是兩個集合，當它們帶有共同的元素，這些東西就是「X及Y」，這和算術上的X×Y相似。若X與Y沒有共同的元素，就會是「X或Y」，類似算術上的X+Y。

因此，若X代表所有的綠色物體，Y代表所有的圓形物體，X×Y（或寫成XY）就代表所有又綠又圓的物體。由於又綠又圓的物體也是又圓又綠的物體，所以我們可以說XY=YX。在每個X也是某個Y的情況下，由類（class）的組合法則會得出XY = X，甚至XX = X，也就是是$X^2 = X$。最後那個方程式在算術上顯然不適用，但在布爾的邏輯系統裡毫無問題。

同理，如果類是互斥的，如男性（X）和女性（Y），就會是X+Y。當然你也可以說X+Y=Y+X。

如果你想加新的類型，例如法國人（Z），你可以說：Z(X +Y) = ZY + ZX。換句話說，所有的法國男性與女性就等於所有的法國男性與所有的法國女性。如果Z（法國

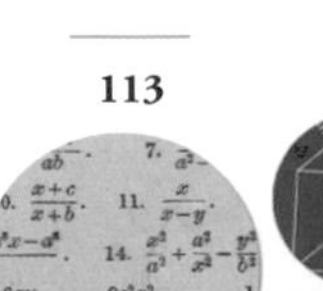

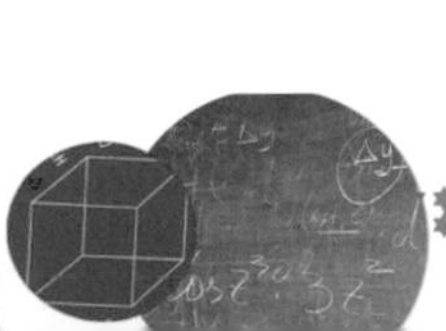

人）包含所有的法國女性（Y），那麼女性除外的所有法國人就可以寫成「Z非Y」，也就是Z - Y。

布爾遊戲

驚人之處在於，這些與數學的單純關聯一直存在於數學語言中，看起來幾乎是理所當然，但在布爾之前，沒有人意識到這些關聯。這確實是很了不起的洞察力，也是真正的天賦之一。布爾的天賦雖然在他的時代就得到賞識，但還要過幾十年，大家才領悟到他這種洞察力的驚人影響。他在愛爾蘭過著恬靜的生活，繼續在數學方面做出重大貢獻，但都沒有像布爾代數這麼重要。他已經建立起一個系統，不僅把所有的概念轉化成很單純的算術，而且還是一套評定概念的方法。

布爾去世後，他的構想被冷落了大約70年，直到1930年代，在貝爾電話公司（Bell Telephones）工作的年輕人克勞德・夏農（Claude Shannon），為了避免長途電話線的雜訊問題，想找到辦法把訊號簡化成核心資訊。這時他重新發現了布爾的研究成果，並立刻明白這是對資訊的關鍵見解。

他從布爾的單純邏輯得到啟發，領悟到所有的資訊確實有可能拆解到只有0與1，也就是位元——這個靈光一閃，就開啟了電腦時代。

統計可以救命嗎？

統計分析與醫療改革

1856年

相關的數學家：
佛蘿倫絲．南丁格爾
（Florence Nightingale）

結論：
利用統計數據可改善醫院環境，挽救許多生命。

在英國禁止女性讀大學的時代，佛蘿倫絲．南丁格爾（Florence Nightingale）在自己開明的家裡接受了完整的學術教育。她十分愛好秩序與資料：九歲時她就會詳細記錄家中菜園的產物。她年輕時結識了當時最重要的幾位知識分子，如巴貝奇（見第109頁），接觸到統計這門新興的學科。

維多利亞時代已有印刷與通訊這些新技術，代表當時的人能夠蒐集並研究「大數據」。容易蒐集新的資料，必定會帶來一些數學進展，讓人得以充分了解資料，並從資料中找出模式。

南丁格爾注意到呈現資料的新奇方式，如長條圖與圓餅圖，也意識到利用資料探究社會議題的先進理念。她開始思考，量化的證據會怎麼推動政策上的變革，尤其是在公共衛生方面。南丁格爾感受到人道主義的召喚，要她去當護士，並把這份對自己的出身背景來說很不尋常的工作，視為考驗理念的絕佳環境。1853年，她成為哈雷街（Harley Street）上一間婦女醫院的院長。隔年3月，英國就加入了克里米亞戰爭（Crimean War）。

衛生改革

戰爭期間，絕大多數的死亡是疾病造成的——病死的可能性是受傷死亡的十倍。許多疾病是可以預防的。透過更好的飲食、衛生、衛生設施，就能挽救生

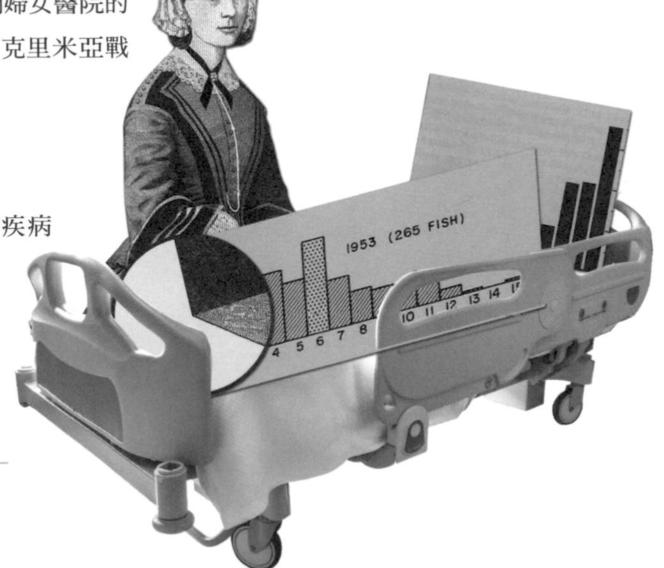

命，這在現在看來是理所當然的事，但對當時的醫療與軍事機構來說並非如此。

1854年11月，南丁格爾到達君士坦丁堡近郊斯庫塔里（Scutari）的戰地醫院，那裡的環境很糟糕：第一年的冬季有超過4000個病患死亡，她後來寫道：「我們徵召來的士兵最後死在軍營裡。」除了顯見的骯髒之外，南丁格爾看到了根本原因：行政管理方面一團混亂。除了骯髒及營養不良，治療上也沒有協調性，病患的存活機會很渺茫。

南丁格爾馬上開始有系統地蒐集資料：標準化的醫療筆記，一致的疾病分類，飲食的確切紀錄，運氣較好的病患的康復時間。根據可靠的資料，解決之道就顯而易見了，那就是要針對醫院進行徹底的「衛生改革」，以及針對護理人員實施嚴格訓練。她在戰地醫院的這段期間，死亡率從60%降到2%，返回英國後，大家把她當成英雄看待，在詩中讚譽她為「提燈的女士」。但她更是懂得利用資料的女士。

有說服力的雞冠花

那個時候就和現在一樣，資料有時很難解讀。蒐集有力的證據是南丁格爾的其中一項成就，但她的另外一大成就是發明了一種圖示，可讓資料生動到足以說服政客採取行動——她希望看到的改革可不便宜。她把稍早發明出來的圓餅圖拿來，發展成極區圖，她稱這種圖為「雞冠花」（coxcomb，見右頁）。

雞冠花圖傳達了大量的資訊。各塊的面積反映出某個月的死亡率，整個圖的大小則代表整年的情況。你可以一眼看出衛生改革的成效。有顏色的區域顯示死因；藍色區塊（從圖的中心測量）表示可預防的疾病導致的死亡，它與較小的黑色區塊（「其他死因」）和最上面的紅色區塊

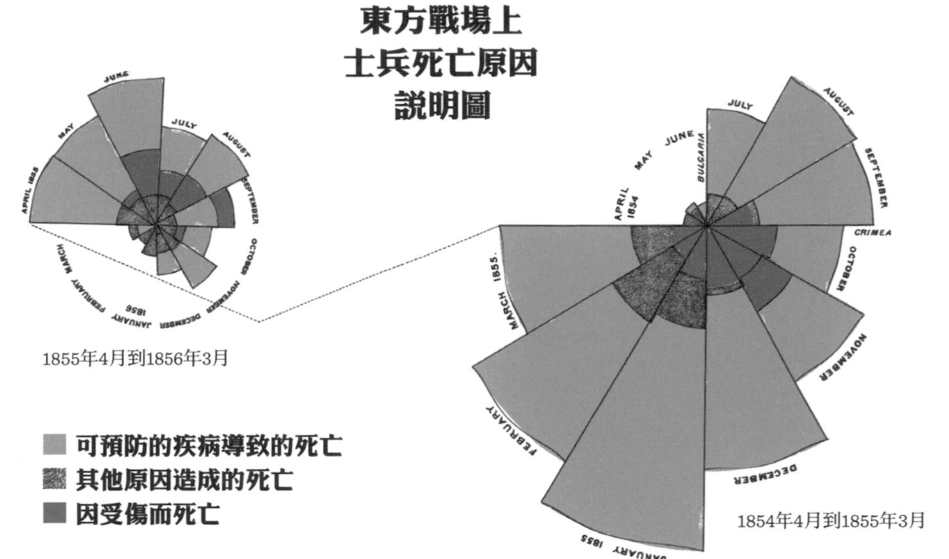

（「死於創傷」）有部分重疊。從圖中可清楚看到，因受傷而死亡的可能性最小。結果證明，按顏色分類的視覺呈現方式，遠比把數字列表比較來得醒目，又能提供大量資訊，最後還促成了普遍的醫療改革。

今天的醫學統計學家可能會批評這份資料。首先，它來自開放式的衛生改革臨床試驗。我們怎麼知道死亡率下降不是其他原因造成的，譬如：天氣好轉或蚊子變少了？其次，以當時的標準來看，這些數字究竟有多糟？南丁格爾的處理方式是加一個圓，提供英國的平均死亡率來做個比較：維多利亞時代的醫院當然充滿風險，戰地醫院則是最糟糕的。最後我們或許想問：存活率有沒有可能只是碰巧改善了？這些結果有沒有統計顯著性？這個問題的答案似乎也很明顯，不過在那個時代不可能證明。南丁格爾是第一位獲選為皇家統計學會成員的女性，倡導進一步發展統計學，最後讓答案得以確定。

1858年

相關的數學家：
奧古斯特・莫比烏斯（August Möbius）和約翰・班內迪克・李斯廷（Johann Benedict Listing）

結論：
看起來很簡單的莫比烏斯帶，徹底改變了關於形狀的數學。

面有多少？邊又有多少？

拓樸學的誕生

莫比烏斯帶（Möbius strip）是有史以來最古怪的形狀之一。做法很簡單：先剪出一條紙帶，然後把其中一端扭轉半圈之後，再與另一端黏貼在一起，變成一個紙環。這再簡單不過了，然而它也是某個難題的關鍵，這個複雜的問題帶動了一整個數學分支，也就是拓樸學，這門數學研究的是形狀與曲面在彎曲、扭轉、弄皺時的性質。

莫比烏斯帶

莫比烏斯帶之所以在數學上這麼吸引人，是因為它只有一條邊與一個面。它看上去很像手環，事實上你真的可以像戴手環一樣把它戴在手上，只不過手環有兩條邊和兩個面。而莫比烏斯帶這麼一扭，一切都改變了。用手指沿著它的邊走，繞完兩圈後你會回到起點——因此它必定只有一條邊。以不可能存在的形狀出名的藝術家莫里茲・柯尼利斯・艾雪（Maurits Cornelis Escher）就畫過一幅素描，畫上的螞蟻在看似永無止境地在莫比烏斯帶上爬著。

這似乎是無窮的化身，結果數學家繼續創造出其他的「無窮」形狀，如克萊因瓶（Klein bottle）。對某些人而言，莫比烏斯帶具有一種象徵性的謎。美國作家喬依絲・凱若・歐茨（Joyce Carol Oates）寫道：「我們的人生就像莫比烏斯帶……痛苦與奇蹟同時存在。我們的命運是無窮無盡的，而且無限循環著。」

實際上，你還可以用剪刀剪開莫比烏斯紙帶，製造出一些有趣好玩的效果。很離奇的是，如果你沿著中線剪開，得到的不是兩個環，而是一個扭轉了兩次的更大的環。但如果你沿著帶子寬度的三等分線剪開，就會得到兩個環——其中一個和原來的一樣大，另一個則是兩倍大的細窄環。噢，而且兩個環還串在一起。

不過，莫比烏斯帶可不只是派對上玩的小把戲。它是兩位德國數學家約翰・班內迪克・李斯廷（Johann Benedict Listing）和奧古斯特・莫比烏斯（August Möbius）各自在1850年代發明出來的。它代表拓樸學的起點，而且李斯廷與莫比烏斯差不多同時提出這個想法絕非巧合。他們兩人都是德國大數學家高斯的學生，甚至有可能是高斯先發明出這種環帶，再把這個構想告訴他這兩個學生。

拓樸學的誕生

在此之前，形狀的邊如果是不規則的、非幾何式的而無法測量，會被視為禁忌。歐拉在1735年對柯尼斯堡七橋問題給出的解法，靠的不是測量而是關鍵點的布局，所以算是最早的拓樸學發現。但它仍然有點像是新奇的東西，而不像某種重要事物的發端。聰明的高斯在拓樸學上做了很多基礎工作，可是生怕遭人嘲笑，於是祕而不宣。

這麼說來，莫比烏斯帶不是突如其來的發現，而是他的兩個學生更深入探究拓樸形狀的一部分研究工作。真要說起來，拓樸學的英文字topology，是李斯廷從希臘文的topos（意指「地方」）自創出來的。莫比烏斯帶則是針對下面這個問題所想到的答案：「有沒有可能創造一個只有單面及單邊的三維形狀？」

值得注意的是，當時莫比烏斯正在研究多面體，也就是有很多個面的立體。歐拉最初在1750年寫給哥德巴赫的一封信中特別提到多面體，他在信裡提供了一個等式：$v-e+f=2$。

在這個等式中，v是多面體的頂點數，e是邊數，f是面數。1813年，沒沒無聞的瑞士數學家西蒙・安托萬・讓・呂利耶（Simon Antoine Jean L'Huilier）意識到，歐拉的公式對於帶有洞的立體是錯的，並提出了一個新的等式，指出對於有g個洞的立體來說，v-e+f=2-2g。

莫比烏斯研究的正是這個，我們很快就會回頭來談洞的問題。

立體中的洞

自發現莫比烏斯帶以來，拓樸學家已經了解怎麼把莫比烏斯帶納入對於形狀的更廣泛理解中。譬如洞的數目，這個關鍵因素讓拓樸學家確定不同的虧格（genus）。像棒棒糖這樣沒有洞的形狀，虧格為0。咖啡杯和甜甜圈的虧格都為1；這兩種東西都只有一個洞，所以只要把咖啡杯拉伸並弄彎，就可以變形成一個甜甜圈——理論上可以，但或許你可以想像是用彩色塑泥來做這件事。

然而，莫比烏斯帶與手環也都有一個洞，因此無法只靠虧格來區別。兩者的區別是，莫比烏斯帶「不可賦向」（non-orientable），而手環「可賦向」。當你（或一隻螞蟻）走在一個可賦向曲面（orientable surface）上，最後始終會處於同一面。但在不可賦向的曲面上，螞蟻最後都會如鏡像般翻轉到另一面，就像在艾雪所畫的莫比烏斯帶上的螞蟻一樣。

莫比烏斯帶的發現及拓樸學隨後的迅速發展，開闢了研究自然界的新方法。舉例來說，拓樸學的其中一個分支：扭結理論（knot theory），對於了解生物DNA的螺旋結構要如何解開，扮演了很重要的角色。在探索物質的基本性質時，它也對弦論（string theory）產生影響。它還激發出新的數學發現。2018年菲爾茲獎（Fields Medal）的得主之一阿克沙伊・文卡泰許（Akshay Venkatesh），就是因為整合了拓樸學與數論等其他領域而獲獎。

它落在哪個圓圈裡？

文氏圖

1881年

相關的數學家：
約翰・文恩（John Venn））

結論：
文氏圖不只是簡單的圖解。

很少有數學概念像文氏圖（Venn diagram）一樣滲入公眾意識之中。這種圖示由英國數學家約翰・文恩（John Venn）在1881年發明，用圖形把事物分門別類，並呈現出事物間的相同之處，如今已經成為一種非常有用的方法，不管是用來分析一個人需要哪些條件才能成為別人想要約會的對象，還是原子粒子的種類。文恩這位謙遜的邏輯教授要是知道，他在〈論命題與推理之圖解機械式描述〉這篇晦澀難懂的論文中乾巴巴地向世人介紹了文氏圖之後，這些圖被運用得多廣，應該會感到萬分驚訝。

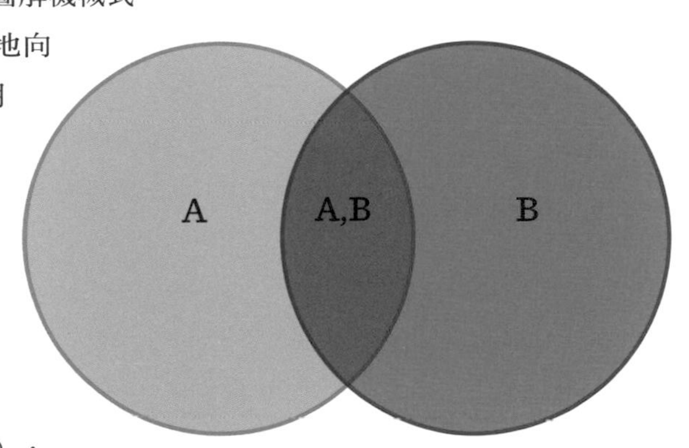

如今文氏圖的用途早已擴及數學以外的領域，但文恩的構想就是個單純的數學工具，雖然它契合了最尖端的數學思路。那個時代，布爾不久前才引進了使用「與」、「或」、「非」等運算的布爾代數（見第112頁），符號邏輯正要蓬勃興起。同樣地，集合論在康托與理夏・戴德金（Richard Dedekind）於1870年代中期所做的開創性研究之後，也在此時流傳開來。

一套邏輯系統

文恩想用他的圖示呈現一套數學邏輯系統。文氏圖看的是彼此有共同點的事物集合，如動物的屬。每個集合有各自的圓圈，彼此會相交。（這些圓圈可以畫得很粗略，就算

畫成橢圓也無妨。）每個集合裡的物件叫做「元素」，都放在圓圈內，這樣就會讓同時屬於兩個集合的元素落在兩圓相交的區域。好比說一個圓圈代表會游泳的動物，如魚類，另一個圓圈代表會行走的動物，如各種哺乳類動物，那麼像水獺這樣會游泳也會行走的動物，就落在兩圓重疊的區域。

但這不只是一種不錯的圖示方式而已。圓圈也代表形式邏輯的階段。兩個圓圈的文氏圖是直言命題（categorical proposition），例如「所有的A都是B」、「所有的A都不是B」、「有些A是B」、「有些A不是B」。另一方面，三個圓圈的文氏圖則代表三段論，其中有兩個直言前提和一個直言結論；例如，所有的蛇都是爬蟲類，所有的爬蟲類都是變溫動物，因此所有的蛇都是變溫動物。

所以，文恩不但想讓他的圖成為巧妙的分類工具，還是一套邏輯證明系統。重要的事情是決定集合的名字，通常用X, Y, Z等大寫字母來表示，以及各集合裡的元素，通常用小寫字母 x, y, z 等來表示。如果這些符號選擇得夠恰當，重疊區域就是你的證明。

歷史悠久的圓圈

文恩的構想並沒有特別新穎。早在13世紀，加泰隆尼亞教士拉蒙・喻以（Ramon Llull）就曾描述各種代表邏輯關係的圖示形狀，而在17世紀，萊布尼茲也提過用圓圈來為事物分類。

後來在1760年，瑞士數學家歐拉寫到要怎麼用圓圈表示事物之間的邏輯關係。文恩在論文裡表示他欠歐拉恩情，並提到「歐拉圓」。他也承認自己知道這樣的圓圈已有一段時間了。不過，文恩做的事情其實很不一樣；歐拉圖只呈現集合之間相關的關係，文氏圖則是呈現出所有的關係。

舉例來說，也許你有一個代表啤酒、低酒精飲料、無麩質飲料的圖。在文氏圖上，可能會用三個相交的圓圈來呈現這三種飲料的不同組合，正中央則是三者都有的結果：低酒精的無麩質啤酒。即使實際上沒有這種飲料，文氏圖還是提供了存在的可能性。歐拉圖只考慮圓圈內的圓圈，好比說所有的低酒精飲料如果都是啤酒，那麼低酒精的圓圈就會包含在啤酒的圓圈內，但它無法呈現所有的可能關係。

今天的文氏圖

文氏圖已證明是真正強大的數學及邏輯工具，是集合論不可或缺的一環，而且在機率研究上很有用處。數學在談邏輯關係，文氏圖雖然看似簡單，卻可以展現出數的集合之間在基本層面上的關係。例如在過去半個世紀，文氏圖已經證明對於質數的研究是具有啟發性的。文氏圖也曾用於格雷碼（Gray Code，這是由貝爾實驗室工程師法蘭克·格雷〔Frank Gray〕在1947年開發出來的二進制編碼）、二項式係數、旋轉對稱、旋轉門演算法等等。

平面的文氏圖只有兩個或三個集合，可是數學家已經做出三維以上的文氏圖，加了額外的集合。利用超立方體（tesseract，正方體的四維表現），數學家可以做出有16個對稱相交集合的文氏圖。如果他們願意放棄對稱性，還可以做得更多。就連文恩本人也利用管狀、橢圓及圓圈，做出最多六個集合的巧妙版本。

不過文氏圖在數學以外的領域也很有用。很多學校把文氏圖當成教學工具，老師利用文氏圖比較和對照不同的概念集合。事實上，從廣告業到軍事計畫，每個地方都應用到文氏圖。結果文氏圖成了有史以來組織思路最簡單、最有力的方法之一。

1899年

相關的數學家：
亨利·龐加萊
（Henri Poincaré）

結論：
龐加萊的錯誤徹底改變了我們對混亂系統的了解。

為什麼有些系統雜亂無序？

機遇背後的數學

這原本應該是傑出法國數學家亨利·龐加萊（Henri Poincaré）生涯中最棒的一刻。他剛贏得瑞典國王奧斯卡二世（Oscar II）頒發的獎金，表彰他在三體問題方面的獨創成果。他甚至因此獲頒法國榮譽勳位勳章，並獲選為法國科學院院士。

接著，就在他的獲獎論文即將發表前的1899年6月，有個年輕的編輯拉斯·弗瑞格曼（Lars Phragmén）通知他們，說這篇論文裡有一個重大錯誤。令龐加萊驚恐的是，弗瑞格曼是對的。論文不得不收回重印，這會花掉他遠超過2500瑞典克朗獎金的開銷。更糟糕的是，在眾所矚目之下被抓出錯誤，是奇恥大辱的一刻。然而，龐加萊最終把這場災難變成一個創新的見解。他立刻承認自己的錯誤，然後開始著手找出自己出錯的地方。他花了很多年，但所有的勤奮努力讓他得到一個新發現，這項發現最後又開啟了一個重要的數學新分支，混沌理論（chaos theory）——儘管當時看起來像是走進了死胡同。

三體問題

龐加萊在1885年已經開始研究三體問題，決心贏得瑞典國王宣告的獎金。三體問題是個老問題了：你要怎麼證明或反駁太空中有相互作用的三個天體會有穩定的軌道？雙體問題早已解決，但對於三體的情形，有太多的變數，這個問題考倒了許多大數學家（見第92頁）。

因此龐加萊決定試試新的研究途徑。他並沒有用三角級數去循著各質點的運動，反而決定利用他剛幫忙發展出來的拓樸學新方法，來分析整個系統的運動狀態。他的方法牽涉到微分幾何學（differential geometry），這個領域是在研究曲線、曲面與流形（manifold，曲面的高維表現）。微分幾何學在回答一些像「曲面上兩點間的最短路徑是什麼？」這樣的問題。龐加萊利用微分幾何，從「相位空間」（phase space）的不同觀點去計算軌道——相位空間同時代表系統所有的可能狀態，所以是多維的空間。這是高明又尖端的數學。

透過這種方式，龐加萊就能取得重大的進展，可是它仍是個艱難的問題，為了得到能展現新方法的優點且又實實在在的結果，他把心思完全集中在設了限制的三體問題上，也就是第三個天體的質量極小，小到對其他兩個天體發揮不了引力的影響。把研究範圍設了這樣的限制之後，他總算推論出三體系統中的穩定軌道，這個證明牽涉到兩個對望的「漸近曲面」（asymptotic surface），也就是標出正、負曲率邊界的曲面，軌道的穩定性就由兩曲面的相交證實了。

獎金與失落

獎金評審團同意這絕對不是完整的解答，但他們對龐加萊所用方法的獨創性與成績大為折服，幾乎毫不猶豫就決定把獎金頒給他。結果，沉重的打擊隨之而來。他本來假設，兩個漸近曲面相交成單葉曲面，可是當他再看一次，卻發現兩曲面可以交叉後再交叉。這是個小錯誤，不過倍增幾次之後，他的解就失效了。

龐加萊煞費苦心地回頭檢查他的計算過程，18個月後才發表了修訂版，但在檢查的時候他發現出錯的地方是哪裡了。他意識到，他的初始條件即使只有非常小的改變，也會導致截然不同的軌道。龐加萊很快就領悟到，這表示在像牛頓的宇宙觀這種一切都根據運動定律來表現的命定性系統中，機遇發揮了非常大的作用。

宇宙的運動定律涵蓋了所有的運動，而這就代表若計算正確的話，應該就可以完全預測出未來的運動情形。不過龐加萊寫道：「我們未察覺的細微原因，決定了我們不可能看不到的重大影響，然後我們說這個影響是出於巧合。」換句話說，運動上的一些差異雖然小到只稱得上是巧合，卻有可能對

結果造成很大的影響。因此他寫道：

> *「初始條件的微小差異，也許會讓最終的現象出現非常大的差異。前者的小錯誤，會在後者產生極大的錯誤。預測變得不可能了……」*

關於機遇的理論

這正是他在三體問題的計算上出錯的地方，但他這番努力並不只是為了解釋自己犯的錯誤。他深信這是很重要的發現。他在1899年為此寫了一篇論文，隨後在1907年又完成了一本給大眾看的書，書名是《機遇》（*Chance*）。他在這本書裡用了混沌（chaos）一詞，來形容這些偶然的小元素會讓一些系統顯得多麼不可預測。他解釋男女兩性生殖細胞的相遇若有幾分之一毫米的差異，可能會導致誕生的人是拿破崙或傻子，而從此改變歷史。

龐加萊指出，機遇與命定性系統並非毫不相容的。他把天氣視為機遇在大氣層不穩定之下的運作結果。他說：「人會祈雨，可是同時又把祈求日月食視為荒唐可笑的。」他認為，天氣事實上就和日月食一樣堅決不變，只是在天氣上機遇的運作範圍非常大，我們沒有足夠的知識去預測。這樣的系統看似混亂無序，但宇宙的平常法則仍然十分有規律地運作著。

這確實是個意義重大的發現，然而當時的大多數人，甚至連龐加萊自己，都覺得它只是個有趣的新奇之物。但在半個世紀後，由於蝴蝶效應（Butterfly Effect）的發現與混沌理論（見第159頁）的發展，一切就改觀了。

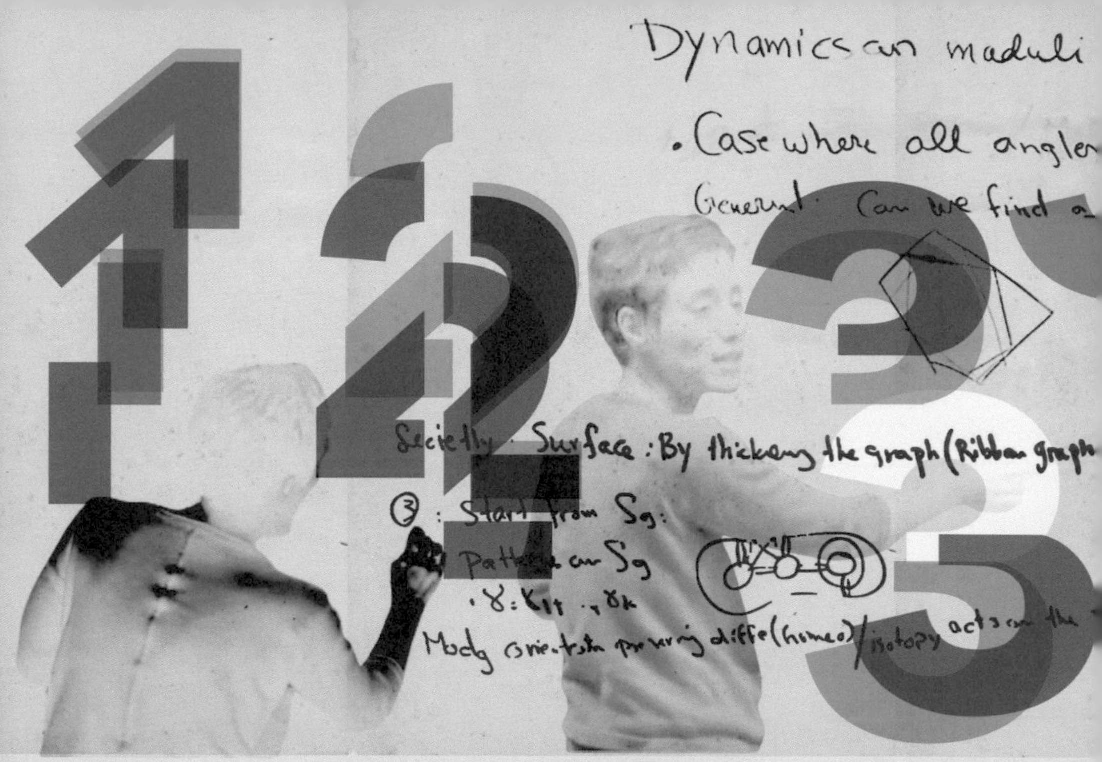

第6章：在腦中和宇宙中：1900–1949年

20世紀初，應用數學和純數學之間的分歧變得更加明顯。那些有大量實際用途的數學，如夏農發明的二元數位信號，和看似普遍真理的數學，如拉馬努金對於π和質數的想法，愈來愈難等量齊觀。兩種毫無疑問都是「數學」，只不過是不同的兩個方面。

儘管這些分支的差別愈來愈大，有幾位美國數學家在大

半個世界投入戰爭之際，讓實用數學突飛猛進，取得了一些史上最具影響力、最令人印象深刻的進展。馮諾伊曼（Von Neumann）的賽局理論在約翰・納許（John Nash）的改進下，從最初提出之後的幾十年來一直是經濟理論的基石。同時，夏農和維納（Wiener）從現實生活的問題中獲得啟發，替本世紀最具代表性的幾項科學技術打下了數學基礎。

1913年

相關的數學家：
艾米爾·波黑爾
（Emile Borel）

結論：
只要時間給得夠多，就連最不可能發生的結果都會發生。

一大群猴子有可能寫出莎士比亞的作品嗎？

無限猴子定理

愛爾蘭數學家布爾在1854年說過：「機率就是建立在一知半解上的期望。」若能完全掌握所有會影響某一事件發生的情況，就有可能讓期望變成確定。

那麼，要是我們不確定可能發生的事件會發生，又怎麼確定不太可能發生的事件不會發生呢？還有，不太可能在什麼情況下會變成不可能？這是大約一個世紀前的法國數學家艾米爾·波黑爾（Emile Borel）很感興趣的問題。不可能與不太可能發生的事，根植於我們的日常語言中。「閃電永遠不會打到同一個地方兩次。」「噢，這種事永遠不會發生！」可是說不定有可能……

機遇簡史

古希臘和羅馬時代的許多思想家，就思考過世界萬物有沒有可能是原子純屬偶然地聚在一起而構成的。希臘哲學家亞里斯多德覺得有這個可能——可能性不大，但有可能。羅馬學者西塞羅（Cicero）則認為可能性太小，可以認定事實不是如此。我們現在知道他們兩位都是對的，沒錯，數不清的原子確實聚在一起了，但並非純屬偶然，而是受到重力的作用。

不過數學家喜歡確定性，即使是在談不確定性的時候。所以幾個世紀以來，很多人都在嘗試摸清楚不可能發生的事。就拿18世紀的法國數學家讓·達朗貝爾（Jean d'Alembert）來說好了，他的養母告訴他，他永遠不會成為哲學家。達朗貝爾探究過能不能度量發生與不發生機會均等的長串序列，比如說，在丟銅板時有沒有可能連續丟出200萬次正面？

一百年後，另外一個法國人安托萬－奧古斯丁・庫諾（Antoine-Augustin Cournot, 1801–1877）則想問，能不能讓錐體尖端朝下站立著，保持平衡不倒。我們當然看過，馬戲團特技演員和觀念藝術家表演看似不可能辦到的平衡動作。庫諾想要分清實體的確定性與實際的確定性——實體的確定性是實體上確定會發生的事，如保持平衡的錐體，而實際的確定性是可能性小到實際上不可能發生的事件。他是這麼說的：「機率非常小的事件不會發生，就是一種實際的確定性。」我們現在把這個觀念稱為庫諾原則（Cournot's principle）。

單一機會法則

波黑爾在1920年代寫了一系列關於這方面的論文。波黑爾是政治家，1925年在同為數學家出身的保羅・潘勒維（Paul Painlevé）的政府出任海洋部長。誰知道他對不可能之事的興趣受到他政治生涯的影響究竟有多少？

他在探究不可能發生之事的概念時，想出了所謂的「單一機會法則」（Law of Single Chance），現稱波黑爾的想法（Borel's idea），基本上這個想法與庫諾原則是同一回事。波黑爾認為，有些事件雖然在數學上不是不可能發生，但機率小到實際上是不可能發生的。當然有朝一日太陽有可能從西邊出來，不過機率太小了，根本不可能發生。

為了確立這一點，波黑爾建立了一個標準，在這套標準下，發生機率太小的事情可視為實際上不可能發生。這不代表這些事情在數學上是不可能的，而是指可能性小到讓一位數學家當成不可能發生的事。在人的標準下，發生機率不到百萬分之一就稱得上是不可能的事。

猴子詩人

波黑爾為了解釋自己的想法是怎麼運作的，於是提出了一個猴群隨機按打字機鍵盤的情景。這群猴子可以在純屬偶然的情況下打出莎士比亞全集嗎？牠們當然幾乎不可能辦到這件事，但在數學上，如果給了無限長的時間（或是有無限多隻猴子），這就必然會發生。因此這在數學上不是不可能，而是機率小到實際上不可能發生。結果，波黑爾的法則成了大家熟知的無限猴子定理（Infinite Monkey Theorem）。

猴子打出莎士比亞的作品，聽起來非常吸引人，此後就不斷出現在流行文化中，有時以幽默的方式，有時帶著嚴肅的含義。在2003年，英國有科學家拿到一筆經費，實際用猴子來試驗。他們讓德文郡佩恩頓動物園（Paignton Zoo）的六隻黑冠猴隨意使用一個電腦鍵盤。這幾隻猴子理所當然地不贊同這位文豪的人生，大部分時間都在拿石頭重擊鍵盤，或在鍵盤上撒尿。不過最後牠們還是打出了五頁，大多是字母「s」：顯然是在表示反對。

2011年，電腦程式設計師傑西．安德森（Jesse Andersen）決定謹慎行事——他在一個電腦程式裡創造了100萬隻虛擬猴子。接著，這支電腦猴子大軍每天要隨機處理1800億個字元組。令人吃驚的是，牠們在短短45天就達到目標了。然而這有點作弊，因為程式已經設計成會把虛擬猴子打出九個正確字母、順序也正確的字元組儲存下來，然後堆砌成全集。

數學家可以說，像「猴子莎翁」這樣的事件實際上是不可能發生的。不過，實際上不可能發生不代表絕對不會……

能量永遠守恆嗎？

用代數來定義宇宙

1918年

相關的數學家：
愛蜜・諾特（Emmy Noether）

結論：
尖端代數填補了愛因斯坦研究結果中的大漏洞。

一百多年前，一位數學家提出了一個讓近代物理學漸漸成形的定理。這個定理深具開創性，到現在仍能預測出對物質與能量的新見解。提出這個定理的人，是德國數學家愛蜜・諾特（Emmy Noether, 1882–1935）。愛因斯坦曾形容諾特是「富創造力的數學天才」，然而她在專家圈之外幾乎沒沒無聞。

之所以不出名，部分原因當然是她的性別。在當時，對女性的偏見在數學界仍根深柢固，諾特的進展不斷面臨阻礙。她在哥廷根大學完成了幾個最重要的數學創見，但校方不讓女性講授數學，因此有四年的時間她是以「大衛・希爾伯特的助教」身分授課。此外，她的數學研究幾乎走在時代最前端，所以非專家很難理解其中的意義。

因相對性而來的問題

1915年，愛因斯坦發表了廣義相對論。這個理論極難理解，然而幾年後提出的諾特定理（Noether's theorem），不但替愛因斯坦的理論填補了一個大漏洞，還對物理守恆定律提供了獨到深刻的新見解。

牛頓運動定律揭示，動量守恆是根本的——就像牛頓擺（Newton's cradle）中擺動小球的運動傳遞過程所示範的。角動量守恆定律也是——滑冰選手把手臂縮向身體讓轉速加快，牽涉到的正是這個定律。

同時，19世紀的科學家也認定能量守恆（能量不滅）是最深奧的自然律之一。能量守恆就是說，任何一個系統內的總能量永遠保持不變；能量可以從某一種轉換成另一種，但總量絕對不會改變。大家認為這是很根本的理解，沒有哪個物理理論能對此視若無睹。

可是，愛因斯坦的廣義相對論實際上就在這麼做。他的理論包含了一個能量守恆方程式，但當兩位傑出的德國數學家大衛・希爾伯特（David Hilbert）和菲利克斯・克萊因（Felix Klein）仔細檢視之後，這個方程式似乎就只說了x−x＝0這麼一件事。他們的意思並不是愛因斯坦的理論犯了錯——只是說其中的數學沒有構築出全貌。

他們明白，這需要不變量（invariant）數學方面的高手來協助——不變量就是不會改變的量，像能量守恆一樣。於是他們找來哥廷根大學的同事諾特。

不管你從哪個角度看

諾特對物理學沒有絲毫興趣，所以把能量守恆的問題當成純數學問題來看。她的研究方法是運用變換（transformation）與對稱性。變換是當時最前端的數學，指物件放大、旋轉及平移（移動但本身保持不變）時發生的事。運用對稱性（由項構成的相似群）求解複雜的代數方程式，是一個世紀前由伽羅瓦引進的想法（見第106頁）。諾特的突發奇想則是利用對稱性探討守恆定律，就像伽羅瓦把對稱性拿去解代數方程式一樣。

諾特很快就提出了兩個定理；第二個定理指出廣義相對論確實是個特例，正如希爾伯特和克萊因所料。在廣義相對論中，能量可能是局部不守恆的，但在整個宇宙是守恆的。不過，真正具開創性的是第一個定理。

諾特的第一個定理說明了，所有的守恆律都是相同大局的一部分——能量、動量、角動量等等，一切由對稱性連繫起來。它說明了，每個守恆律都有相關的對稱性，反過來也一樣，每個對稱性都有相關的守恆律。諾特的定理提供的方程式，可用來找出構成各個守恆定律基礎的對稱性。

能量守恆是時間的平移對稱，動量守恆是空間的平移對稱。換句話說，不管你朝哪個方向轉，無論你是不是回到過去，一切都沒有改變，所以會有這些守恆存在。在空間或時間中，基本物理方程式並不會改變。

對稱力量

諾特的論文〈不變量的變分問題〉（Invariant Variational Problems）在1918年7月23日公諸於世。不妨這麼想吧：如果你把一顆撞球打到撞球桌的另一頭，由於撞球桌是平的（不變量），球的軌跡就會是直線。如果撞球桌是彎曲的，它的軌跡就不一樣了。

從諾特發表這篇具突破性的論文之後，她的第一個定理就一直在發展。物理學家在1970年代把已知的所有基本粒子，放進一個叫做標準模型（Standard Model）的理論架構中，這個架構就是利用諾特定理建立起來的，以對稱性為基礎。對稱性預言有希格斯玻色子存在，這件事在2012年終於得到證實。

值得注意的是，雖然現在諾特是因她關於守恆律與對稱性的定理，而受到物理學家尊崇，但數學家對諾特的了解則是來自抽象代數的發展，這個數學領域著重的是代數結構的純理論研究。她毫無疑問是20世紀最偉大的數學家之一。

1918年

相關的數學家：
斯里尼瓦瑟・拉馬努金
（Srinivasa Ramanujan）

結論：
有一位全靠自學的數學家後來成為天才，並且在數論方面做出跳躍式的進展。

計程車的車牌號碼很無趣嗎？

1729與數論

1916年的某天，劍橋大學數學教授哥弗瑞・哈羅德・哈第（Godfrey Harold Hardy）來到療養院探望病人，這個病人是他的年輕門生斯里尼瓦瑟・拉馬努金（Srinivasa Ramanujan），靠著自學的印度數學奇才。哈第回憶：「我搭了車牌號碼是1729的計程車，然後說我覺得這個數字相當無趣。」拉馬努金聽了立刻回應：「不會呀，這個數字很有趣；它是可以用兩種方式表示成兩個立方數之和的最小整數。」而且拉馬努金完全正確：

$1729 = 1^3 + 12^3 = 9^3 + 10^3$

拉馬努金並不是第一個注意到這個數的人。法國數學家貝爾納・貝西（Bernard de Bessy）早在1657年就發現這個數了，有些人猜哈第是在設法讓他的朋友開心起來，知道他一定會按捺不住想要說明1729多麼有趣。

叫計程車

無論真相是什麼，數學家又開始尋找那些可用幾種（n種）方式表示成兩立方數之和的最小整數，這樣的數後來叫做「計程車數」（taxicab number）。從那之後，數學家一直在找其他的計程車數。

哈第自己和同事愛德華・萊特（Edward

Wright）一起繼續證明，對所有的正整數n，應該都有可能找出這樣的數，而且他們的證明成為用來搜尋這種數的電腦程式的基礎。理論上，計程車數有無限多個，但很難找，原因是電腦雖然能找到很多像這樣的數，卻沒有辦法確定哪個是最小的，也就是真正的計程車數。因此經過一百多年的搜尋，只找到前面六個：

Ta(1): 2

Ta(2): 1729（1657年，貝西）

Ta(3): 87,539,319（1957年，Leech）

Ta(4): 6,963,472,309,248（1989年，Rosenstiel, Dardis及Rosenstiel）

Ta(5): 48,988,659,276,962,496（1994年，Dardis）

Ta(6): 24,153,319,581,254,312,065,344（2008年，Hollerbach）

所以，尋找以7種方式表示成兩個立方數之和的計程車數的搜尋工作還在進行中……

你把計程車倒退一下

有些數學家更進一步，開始研究其他可表示成立方數和的整數。計程車數是幾種不同的兩個正立方數之和。在「倒計程車數」（cabtaxi number）當中，相加的數可以包括負數，比如說：

$91 = 6^3 - 5^3 = 3^3 + 4^3$

這樣的數看起來可能晦澀難解，又非常難找，但它們並不會因為這樣就毫無用處。事實上，把這種數算出來的高難度，正好吸引到尋找加密方法的程式設計師。舉例來說，銀行帳戶的編碼數字可能就是兩個立方數的和——駭客幾乎不可能知道這個數字要怎麼分解成立方數的和。因此，我們也許要感謝拉馬努金與哈第保障了我們的銀行安全。

從印度捎來的信

事實上，計程車數只是拉馬努金與哈第的合作關係的其中一面。這個夥伴關係始於1913年1月，哈第收到一封很特別的來信的那一天。那封信是拉馬努金寫來的，當時他是在印度馬德拉斯（Madras）港務局會計辦公

室裡的窮職員。拉馬努金謙卑地問這位大教授，可否對他所做的一些數學計算給些意見。

哈第自然滿腹狐疑，但當他仔細查看筆記，開始看到一大堆和無窮級數、積分、質數有關的驚人複雜數學式。在筆記中的某個地方，拉馬努金聲稱自己發現了一個X的函數，它等於所有小於X的質數的和。如果拉馬努金是對的，這會是那個世紀的重大數學突破之一。可是，由於拉馬努金全靠自學，運算過程太費解，哈第無法確定這究竟是出自天才還是騙子之手。經過一番思索並和同事討論之後，他判斷寫信的人是天才，隨即回信邀請拉馬努金到劍橋來就學。

儘管對X的函數的證明到頭來發現有漏洞，拉馬努金確實是天才，而在接下來五年，這兩位數學家密切合作，產出質數方面的傑作。拉馬努金在劍橋時由哈第帶領所發表的所有著作，是按照慣例以符合要求的嚴謹證明寫成的，但他的私人筆記就很不一樣了，因為是自學，他對嚴謹的證明一無所知，對他來說，重要的是答案。

主變換

舉例來說，拉馬努金創了他自稱的主公式（Master Formula）。這個公式的證明是不同方法的大雜燴，可是他用這個主公式得出的所有結果，最後證明都是對的。拉馬努金在分割（partition，把某個非負整數寫成整數和的方法）方面得到一些出色的成果，還提出了一個關於 x^{n-1} 的猜想，這又和半個世紀後在代數幾何學（algebraic geometry）上的重大進展有關。

計程車數將讓他的名字永垂不朽，但這卻是從這個極富數學創造力的頭腦中冒出來的產物中，最稱不上獨創性的。

最好的贏法是什麼？

賽局理論與數學策略

1928年

相關的數學家：
約翰．馮諾伊曼
（John von Neumann）

結論：
賽局理論是把私利擺在第一位的數學指南。

賽局理論（game theory，又稱對局論）是一種數學研究方法，是把互動當成各方都想贏的兩個或多個參與者之間的策略對局來研究。這個理論是約翰．馮諾伊曼（John von Neumann）的智慧結晶，他是流亡美國的傑出匈牙利數學家，後來有許多人指出，庫柏力克（Kubrick）就是以他為原型，塑造了電影《奇愛博士》（*Dr Strangelove*）中那位精神錯亂的核子科學家。

馮諾伊曼在1928年的一篇論文〈客廳對局理論〉（The Theory of Parlour Games）中初次探討了這個想法，當時他還在歐洲。給予他啟發的是紙牌遊戲，及童年時期像西洋棋之類的策略遊戲。他推論說，撲克牌不只是憑運氣的遊戲，更是需要策略的遊戲，而策略就是虛張聲勢。他想知道，有沒有可能用數學把虛張聲勢的最佳策略弄清楚？

同時適用於撲克牌與戰爭的理論

馮諾伊曼不是第一個探討這個想法的人。法國人波黑爾在1920年代初就曾寫了幾篇與此有關的論文，論述在你對對手的牌所知有限的情況下，數學是否可以找出必贏的撲克

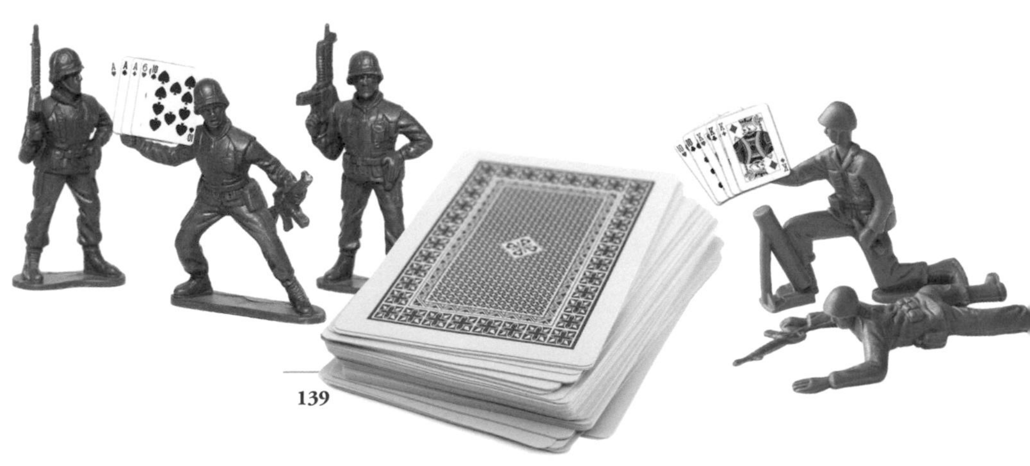

牌策略。波黑爾設想，這樣的策略或許只能應用到經濟與軍事情境中。比波黑爾更早的其他思想家，也曾嘗試運用數學制定取勝策略。

不過，率先讓數學對局模擬成為完整理論的人是馮諾伊曼。他的想法有一部分是受美軍在二次世界大戰的太平洋部署策略所啟發，而在1943年，他也開始參與研發原子彈的曼哈頓計畫（Manhattan Project）。

他建立機率模型，目的是減少攜帶了原子彈的飛機被打下來的機會，他還把數學帶進了選擇最大彈著目標的問題上。在研發原子彈的同時，馮諾伊曼與同為流亡人士的奧斯卡·摩根斯登（Oskar Morgenstern），合寫了《對局論與經濟行為》（*Theory of Games and Economic Behaviour*）這本書，為賽局理論打下基礎。這本書寫於1944年，到1946年才出版，問世的時候上了報紙的頭版，以一本高等數學書來說這是很不可思議的。

儘管源自戰時的策略，這本書關注的還是該怎麼把經濟行為當成一場對局。為了用他看撲克牌的方法看待經濟學，馮諾伊曼取用了「理性選擇理論」（rational choice theory），這個理論把人視為「追求最大理性效用的個體」——也就是說，在個體構成的群體中，每一個人都在運用邏輯達到最大的「效用」（utility）或個人利益。這個理論以我們全都會保護自身利益為基礎，目標是用數學的方法預測人的行為。

賽局理論的概念，就是把互動的人視為「參與者」或

「行動者」，每一方的意圖都是取勝，或尋求策略讓獎勵最大化。馮諾伊曼斷言：「現實生活包含了虛張聲勢，欺騙小手段，自問對方對我打算怎麼做會怎麼想。」他計算出，最好的行動方針不是以取勝為目標，而是讓損失減到最少——這個策略後來稱為「大中取小」（minimax），讓最大損失盡可能減到最小。

應該坦白承認嗎？

說明這種策略進展結果的最有名例子，就是「囚犯困境」（Prisoner's Dilemma）。假設警方逮捕了你和你的同夥，並把你們關在不同的牢房裡。如果你們保持緘默，互不出賣（在賽局理論中稱為「合作」），警方證據不足，最多只能監禁5年。可是如果你的同夥坦白承認（稱為「背叛」），他將獲釋，而你要關20年。倘若你們兩人都認罪，兩人都要服刑10年。

賽局理論假定你們想讓自己得到最好的結果。每種策略產生的可能結果都可以指派一組數對，用數學的方法進行分析。結果發現，答案是應該坦白承認。的確，這樣一來你們兩人都要關10年，但這總比冒險不認罪，結果你的同夥認罪，害你關20年來得好吧。這是最不糟糕的情境，也就是大中取小。

這在策畫戰略上似乎是簡單到極點的方法，美軍就徹底採用了這種策略，而隨著美軍將領假定俄國人也在玩同樣的遊戲，爭相打造核武兵工廠，而更加鞏固了核武軍備競賽。馮諾伊曼自己就呼籲要先發制人，動用核武襲擊莫斯科，阻止他們增建兵工廠。對全世界來說很幸運的是，大家都忍住沒採取行動。

後來，賽局理論開始在經濟學甚至演化論上，扮演起重要角色。然而，儘管當中的數學單純又優雅，理論本身也往往為許多問題提供新的思考方向，但這個模擬人與動物行為的模型一點也稱不上完美，而且仍有爭議之處。

1931年

相關的數學家：
庫特·哥德爾
（Kurt Gödel）

結論：
一個古希臘悖論被用來質疑數學的客觀真理。

它完備嗎？

質疑數學的本質

一等於一，而二加二等於四，這是不辯自明的真理對吧？至少大多數的思想家一直是這麼認為的。雖然其他的概念到最後有可能是見仁見智的事，但大家一直認為數學是純粹的真理。你若能證明某個數學理論，你就發現了真理。

數學的完整邏輯結構

然而約在一個世紀前，有些數學家與哲學家希望把它放在更穩固的基礎上。讓他們萌生這種想法的，是集合論方面的新發展，這個分支已經開始依據集合來組織數學。就像2300年前，歐幾里得從幾個基本起點或公設開始，建立起整個體系那樣，有些數學家也想為整體數學做這件事。這項志業始於1910年到1913年間，伯特蘭·羅素（Bertrand Russell）與艾弗瑞·懷海德（Alfred Whitehead）的大作《數學原理》（*Principia Mathematica*，這個書名刻意仿效牛頓1687年的巨著）出版之時。他們的意圖是檢視數學的整個內部邏輯結構，最後還要把它簡化成其他一切從邏輯上都能賴以為基礎的基本原則。

這是個龐大的任務。可想而知，羅素與懷海德用了三巨冊其中一冊的很大一部分，把這件事確認清楚。但是大體說來，這個進展似乎重要到足以讓德國大數學希爾伯特著手進行一項計畫，以建立一套完備的公理，而從這些公理能夠發展出所有的數學。這樣的公理系統會是一致且完備的，讓所有源自這些公理的證明在定義上一定是真確的。如果這個系統在邏輯上是一致的（consistent），你就不會提出兩種相互矛盾的答案；如果它是完備的（complete），那麼每個敘述都是可證明的。

1930年代初，希爾伯特的工作已經大致完成，只是還有幾個小缺口需要填補。就在這時，有個名叫庫特．哥德爾（Kurt Gödel）的奧地利年輕數學家，進行了一項非常關鍵、且最終造成極大破壞的干預。哥德爾在1931年寫了一篇論文，〈論《數學原理》與相關系統裡形式上不可判定的命題〉（On Formally Undecidable Propositions in *Principia Mathematica* and Related Systems），在裡面清楚提出他的兩個「不完備」定理（incompleteness theorems）。

說謊者悖論

哥德爾用了年代久遠的說謊者悖論（liar paradox）的更新版本，這個悖論是在問，如果有人說他從未說過實話，你能不能相信他們。原版的故事說到，半虛半實的克里特島人艾庇米尼德斯（Epimenides）很肯定地說：「所有的克里特島人都是謊話連篇的騙子。」那他是不是在說實話呢？這句話不完全構成自相矛盾的悖論，因為他可能只是在說謊，他認識至少一個說實話的克里特島人。有些邏輯學家把它衍生成這個語句：「這個敘述是錯的。」如果這句話確實有誤，那麼它就一定是對的，而有了矛盾，反過來也是一樣。

哥德爾所做的，就是探討這個敘述，或者說是「這個敘述不可證明」這句話應用在數學上的情形。數學裡的證明本質上是在說，某個由數構成的集合與另一個集合相等，而數只是符號。因此，哥德爾原本可以讓「這個定理不可證明」這個敘

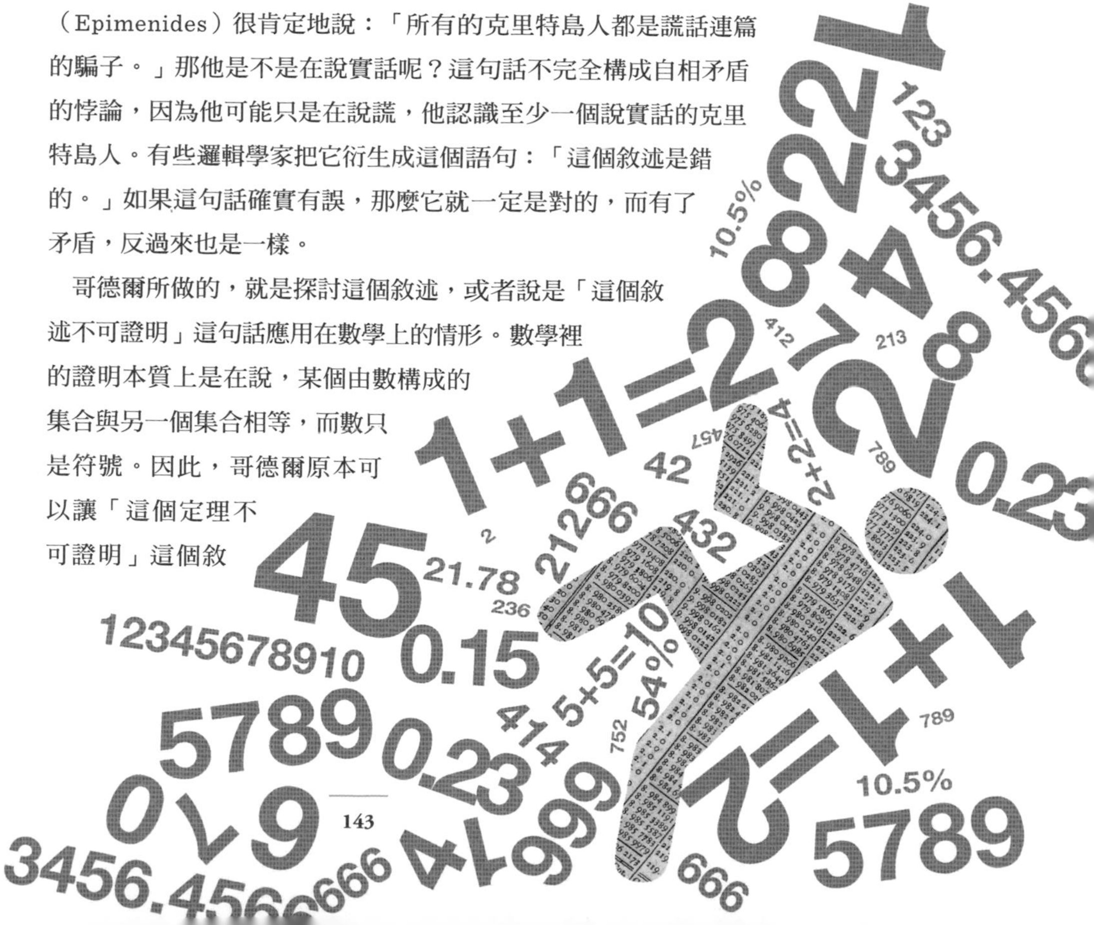

述，在算術上等價於某個算術程序，或是等價於質數三次方的級數的某個算則。

他的研究途徑是把這個敘述轉換成一個算術命題，實際上就是在說：「這個定理不可證明。」然後立刻冒出一個問題來。它要麼可證明，不然就不可證明。如果可證明，這個定理就是自相矛盾的；如果不可證明，就會正好碰到希爾伯特計畫裡的完備性基本前提：「每一個敘述都可以證明。」

哥德爾在他提出的兩個定理的另外一部分，說明一致性也有完全一樣的轉折。他指出，如果算術系統是一致的，它的一致性就有可能不可證明。如果有人證明了算術系統的一致性，那個證明將會顯示它是不一致的。

哥德爾給予的沉重打擊

因此，哥德爾只用一篇論文就顛覆了希爾伯特所提的公理系統核心原則，也就是一致性與完備性。這對希爾伯特計畫和數學整體來說，都是個沉重的打擊。有一段時間，有些人期盼這只是技術上的小毛病，但其他數學家所做的進一步研究顯示，這個論證對所有的公理系統都有效。

這表示，我們無法再把數學視為真理的仲裁者，也不能再說，數學證明是事實的陳述。同樣地，正確的敘述也許是不可證明的。從古希臘時代以來的兩千多年間，數學家都未曾想過這種可能性，數理邏輯就是簡單的是或否，數學敘述不是對就是錯，不是可證明的，就是不可證明的。這表示一定有第三條路：是，否，或是不確定。

理論上，這表示存在已久的數學體系就像紙牌屋那樣脆弱易垮，而實際上，也只有那些像希爾伯特一樣，在嘗試建構這個體系的人，才能體會到差異。新興的電腦科學領域是個例外，二元的答案與確定性在這個領域裡至關重要，而它在這裡引發了一場耗費一些時間才解決的危機。

回饋迴路是什麼？

控制與通訊理論

1948年

相關的數學家：
諾伯特・維納
（Norbert Wiener）

結論：
維納在控制系統方面的研究成果，促使他提出了回饋概念的數學形式體系化。

第二次世界大戰期間，美國數學家諾伯特・維納（Norbert Wiener）開始對控制系統（control system）的想法感興趣。那時他在從事高射砲的研究，想找出讓砲自動瞄準並打下敵機的方法，而他工作時就開始思考控制系統，以及這種系統仰賴回饋（feedback）的程度。

回饋並不是新的概念。所有的生物都要靠回饋機制，幫自己適應周遭環境並做出反應。人類也像所有的生物一樣，即使是最簡單的任務，我們也要仰賴自身感官源源供應的資料，來指引我們完成。會對變化自動做出反應的機器，就和文明一樣古老——宛如水車的供水池般，在水量太滿時會自動分流。

但第一個分析回饋機制的人是維納，他在1948年出版的書《模控學：亦即動物與機器中的控制和通訊》（*Cybernetics: Or Control and Communication in the Animal and the Machine*）中，仔細分析了自然界與機器運作上的回饋機制。他在研究高射砲的時候，就已經看過這種回饋機制經常失效的情形。舉例來說，資料的回饋如果有延遲，高射砲可能就會失靈，射擊時偏離目標，一下射向這一側，一下偏向另一側，同時嘗試穩定下來。

循環的資訊

維納想知道，這些回饋失效和人腦中的那些衰退，兩者間有沒有什麼相似之處。他當然已經注意到身體的反射迴路：譬如你碰到很燙的表面，讓你猛然縮手的神經系統捷徑。不過，他想要更具體的東西，所以去向神經學家請教了小腦受損的情況；小腦是腦部的控制中樞之一。結果，有個病人在想伸手拿東西時，會一下子伸過頭，一下子又伸得不夠遠，這種疾患叫做意向性顫抖症（intention tremor）。當腦部從手部收到回饋的速度不夠快，來不及控制手的位置，手就會開始來回擺動。維納在戰後繼續做自己的研究，開始意識到回饋的循環性。動作和反應之間，發起與回應之間，因與果之間，有不斷循環的相互影響。透過回饋機制，任何一點改變刺激出的反應都會再回饋給刺激物，他把這稱為回饋迴路（feedback loop）。

正負回饋迴路

維納明白，正回饋迴路和負回饋迴路有一個主要差別。正回饋迴路（positive feedback loop）是指回饋會讓訊號增強的迴路。如果你參加過現場活動，可能就會遇到麥克風接收了喇叭發出的聲響，經過擴大之後變成刺耳高頻噪音的經驗。正回饋雖有積極正面之名，往往卻是控制的反義詞，當情況開始變本加厲，你可能會想稱呼它是惡性循環——就像全球氣候暖化讓永凍層融化，釋放出溫室氣體甲烷，結果導致氣候繼續暖化。

提供控制的是負回饋迴路（negative feedback loop），這是指系統的輸出一旦達到特定強度，產生的回應讓輸出減少，系統因而穩定下來的情況。好比每當中央空調溫度過低，恆溫控制器就會在感應器對降溫產生回應時，自動關閉系統。

馬克士威的調速器

負回饋裝置由來已久，但直到詹姆斯．柯勒克．馬克士威（James Clerk Maxwell）1868年發表的開創性論文〈論調速器〉（On Governors），才有相關的數學研究。調速器

（governor）是一種簡單又巧妙的機械裝置，是詹姆斯·瓦特（James Watt）在1788年為了控制蒸汽機的速度而發明的。蒸汽機速度加快的時候，調速器的轉軸也會旋轉得更快，離心力就會把金屬球往外推高，連帶拉動橫桿，就可關閉節氣閥，這樣蒸汽機就減慢下來，金屬球落回原位，節氣閥又打開了。

馬克士威在領悟出卡諾熱機（Carnot heat engine）裡的熱與能量循環之後，就對控制的循環性產生出興趣；卡諾熱機是法國人薩迪·卡諾（Sadi Carnot）在1820年代開發出來的。馬克士威的那篇論文，把控制迴路的概念帶進主流科學中。維納拿來當書名的cybernetics（模控學）一字，是他從意指「調控」的希臘文自創出來的，也就承認自己欠馬克士威的恩情。

模控學的未來

不過，維納的著作利用回饋，把控制機制的理論推得更遠。他區分出「黑箱」（black box）與「白箱」（white box）；黑箱是指輸入與輸出已知，但內部處理方式未知的系統，而白箱則是內部運作原理預先設定好的單純系統。

維納的著作引起世人對控制機制與回饋迴路的極大關注，「模控學」一詞也從此成為公眾意識的一部分。機器自動控制長久以來一直存在於我們的世界裡，但維納的大作領先回饋控制機制的大規模發展，這方面的發展有一部分影響到電腦的誕生。

維納自己設想了一個有大量自動控制系統的世界，他所勾畫的景象談不上舒適愜意。他想像的機器，由回饋系統控制，幾乎不需要人力介入，很多人員因此被解僱，過著失業人生。他的構想在機器人科學（robotics）上也開始有所發揮，因為回饋迴路讓機器人有了介入與回應的機制。

回饋控制系統現在已深深打進我們的生活方式，從自動調節的廚房，到自動駕駛車。然而維納對這些發展並沒有非常正面的看法。

1948年

相關的數學家：
克勞德・夏農
（Claude Shannon）

結論：
夏農解決了二進位數學的白雜訊問題。

用什麼方式傳輸資訊最好？

位元與數位訊號

不管什麼訊號，在遠距離傳輸時都會出問題。有個杜撰的故事說到，第一次世界大戰期間有位將軍發送了這個訊息：「派補充兵員；我們準備推進。」（Send reinforcements; we are going to advance.）經過層層傳達，最後接收到的訊息是：「送三便士和四便士；我們準備起舞。」（Send three and fourpence; we are going to a dance.）換句話說，訊號在長距離傳輸時，資訊會流失，訊息會失真。

連接問題

1940年代，電話網路正在擴大，在大西洋海底進行電話連線似乎是很自然的事，畢竟跨大西洋電報在將近一個世紀前就有了。但在完成連線之後，大家發現，送到大西洋彼端的訊息是無法理解的。

電話工程師要找出這個問題的技術解決方案。問題是訊號跨越大西洋的時候，似乎會變得愈來愈弱。如果是這樣，何不在途中把訊號放大幾倍？問題出在，訊號流動時會接收到錯誤：隨機的背景雜訊，也就是「白雜訊」（white noise）。把訊號放大，白雜訊也會跟著增強，到最後這個「白雜訊」會變得極大，而讓訊息流失。

這看起來像是難以克服的障礙，自然界的根本特徵。然而在美國貝爾實驗室工作的數學家兼電子工程師夏農不這麼想，他了解答案不在技術困境裡，而在思考訊息的新方法中。他在1948年發表了一篇論文，〈通訊的數學理論〉

（A Mathematical Theory of Communication）。

夏農在這篇論文中，首度確定了資訊（information）到底是什麼。他論證說，資訊基本上是不同的東西：背景雜訊是隨機的，實際上毫無特色，新聞就是新聞，因為是以前沒聽說過的；資訊則是出乎意外的，是不尋常的，這就讓它不同於白雜訊。

不只電話訊息是如此，所有的資訊都是這樣。這個洞見對世界的運作方式提供了各種獨到的見解，從生物維持生存的資訊，到決定水滴形狀的資訊。

資訊

在19世紀時，已經有物理學家，如路德維希·波茲曼（Ludwig Boltzmann），想要弄清楚宇宙裡秩序與無序的熱力學本質。他們特別關注熱力學第二定律裡的熵（entropy）這個概念——世間萬物最後都傾向達到最大的無序程度。

夏農解釋，資訊是秩序，而資訊在白雜訊中流失就相當於無序或熵。接著他寫出了一個方程式，指出資訊流失的機率。夏農的方程式現在是資訊理論的核心。

在此之前20年，電子工程師勞夫·哈特利（Ralph Hartley）就引入了資訊是可測量數學量的概念，而夏農領悟到，資訊的突發性可用很簡單的方法來度量，無雜訊傳輸的祕訣就在這裡。答案在於二進位數學。

0與1

二進位數學建立在數字只能用0與1來表示的概念上，這個想法至少可以追溯到古埃及時代。不過，萊布尼茲在1679年重新發現了這個概念，隨後在19世紀中葉，又由布爾發展成完整的邏輯系統，也就是布爾代數。

夏農意識到，二進位數可用來定義最基本的資訊單位。每一段資訊最後都能分解成是／否、此／彼、停止／繼續、開／關。在二進位數學中，這個單位就是0或1。夏農了解，每一小段資訊都可以編碼成這些由一大堆0與1基本單位組成的字串。他稱之為位元（binary digit，簡寫為bit），此後這個名稱就沿用下來了。

在那個時候，電話訊息的傳輸方式是把語音產生振動轉換成電流，電流中的電壓會不斷變動，和振動非常相似。這種不斷變動的訊號，現在叫做「類比」（analog）。容易產生白雜訊的，就是這種類比訊號。

夏農提議，可以把所有豐富多樣的語音簡化成一個位元字串，也就是數位碼。產生出語音的空氣振動，只要由編碼器轉換成由0與1組成的電訊號——每個0代表低電壓，每個1代表高電壓。接著在訊息接收端，就使用這個高低電壓碼重建出語音。

就連這個編成碼的訊號也會受白雜訊干擾，只是0與1之間的差異太明顯了，接收機要刪掉白雜訊，然後重建出原始訊息，也容易多了。也可以在途中整理訊號，先利用電子裝置去除背景雜訊，然後只傳送數位訊息。

這個系統運作得很順暢，因此絕大多數的電話通話都是數位式傳輸的。但夏農不單解決了技術問題，他還從根本上發現了資訊的本質。夏農指出所有的資訊都能用位元表示，就提供了很有力的深刻見解，開展出資訊理論——影響遍及科學各領域。其中最明顯的是，夏農的論文打開了通往數位技術之路，我們的電腦與通訊技術全都建立在數位技術的基礎上。

你應該改變策略嗎？

無悔賽局理論

1949年

相關的數學家：
約翰・納許（John Nash）

結論：
對自己的決定不會後悔的這種想法，讓賽局理論變得更完善。

1940年代晚期，全世界努力從二次世界大戰帶來的恐懼中恢復過來之際，美國數學家開始發展一套把互動視為戰略遊戲的人類行為模型，在這個模型中，每個參與者都是一心為自己謀最大利益的個體。這種想法稱為賽局理論，而數學家盼望，透過這種觀點，人的行為理論上就可用數學方法來預測。

這種想法最初是由出生於匈牙利的數學家馮諾伊曼，和摩根斯登一起發展出來的，馮諾伊曼認為，賽局的進行方式不在取勝，而是讓損失減到最少（見第139頁）。因此最佳策略是可產生最不糟糕的最壞打算局面的策略——後來稱為「大中取小」，讓最大損失盡可能最小的策略。但這種策略其實只有在你對對手一無所知的情況下才行得通，基本上它就在說，如果你渾然不知，那麼謹慎行事就是有道理的。

改變遊戲規則的人

然而在大部分的情況下，我們對對手是有所了解的，倘若大中取小是賽局理論中的唯一策略，那麼這個理論的應用範圍就相當有限了。但沒過幾年，就在1949年，傑出的數學家納許以一篇短短兩頁篇幅的論文，補上了另一個很關鍵的想法。納許提出的想法名副其實改變了遊戲規則。

納許的想法有時稱為「無悔」（no regrets）理論，因為它的目標是不要為你的選擇後悔。這個想法的著眼點是，賽局的每個參與者都大致了解對手會怎麼玩，而且改變策略得不到什麼好處。所以他們會進入一種僵持不下的局面，沒有一方有得失，這種情況現在叫做納許均衡（Nash equilibrium）。

這個概念最早出現於1830年代，當時庫諾想弄清楚製造商怎麼決定相較於競爭對手的生產量，以便賺取最大利潤。如果每家公司都提高產量，價格就會下跌，利潤也隨之減少，因此庫諾斷定，公司會依據他們認為競爭對手將生產多少，來調整自己的產量。他們在產量上達到某種均衡。

兩性之戰

納許把這個想法又推進了一步，讓它應用得更廣。其中一個例子就是兩性戰爭賽局（Battle of the Sexes），情境是這樣的：鮑伯和愛麗絲這對幸福快樂的夫妻想去看電影，他們希望一起看，可是愛麗絲想看動作片，鮑伯想看喜劇片。他們該怎麼抉擇呢？如果各看各的，兩人都得不到滿足，或用賽局理論學家的說法，得不到什麼「效用（值）」。但如果他們一起看，不管是動作片還是喜劇片，兩人都會得到某種效用值，而且其中一方真的會很快樂。在這個例子裡，鮑伯和愛麗絲二擇一的效用均衡點，就是一種納許均衡。

另外一個說明納許均衡的著名例子是「囚犯困境」，參與者是兩個因為犯罪被分開拘禁的嫌犯（見第140頁）。如果兩人保持緘默，互不出賣，那麼警方證據不足，最多只能關他們5年。但如果一方坦白承認，他將會獲釋，而他的共犯就要關20年。若兩人都坦承犯案，就各服刑10年。

馮諾伊曼的大中取小是從單一觀點看這件事，並且斷定，為了讓最大損失減到最少，你應該認罪。納許則從兩個觀點看，讓每個囚犯都能猜測同夥會怎麼做；他們甚至還可以事先討論該怎麼做。從這個角度看，結果會和大中取小一樣：兩名囚犯都應該認罪。不過，納許的推論方式不同；會出現這個結果，是因為改變策略和保持緘默不會讓雙方受惠。這是一個效用均衡點，也就是納許均衡。

關鍵在於，如果兩個囚犯隨後得知同夥的選擇，任一方都不會後悔自己所做的選擇。要是其中一方選擇守口如瓶，後來得知對方招認了，最後他當然被判20年，往後也會深深懊悔當初沒坦承。

戰爭賽局

納許的均衡概念，讓賽局理論在經濟學上，也在心理學、演化生物學等許多領域上受到廣泛使用。它似乎提供了對於策略行為的可靠理解方式，很快就博得經濟學家與軍方的偏愛。直到不久前，絕大多數的諾貝爾經濟學獎得主都把這個概念納入自己的研究中，它在1950年代及1960年代引發核武軍備競賽的美軍戰略中，也扮演了重要角色。

但有些思想家很納悶，參與者在不知道其他參與者會怎麼行事的情況下，究竟要如何達到均衡點。近來數學家已經指出納許均衡是難以達到的，除非參與者讓彼此知道自己的偏好，而且在多人賽局中，有可能要花上無限久的時間才能達到均衡。

此外，針對囚犯困境所做的科學實驗顯示，人幾乎從來沒有採用過納許策略，表現得比賽局理論假定的忠誠團結多了。現在經濟學家普遍同意，人的行為並不像賽局理論預測的那樣。就連納許本人也開始懷疑自己的研究（他在發展這些想法時罹患了思覺失調症），在1994年終於獲頒諾貝爾獎時親口說：「我的腦袋漸漸開始揚棄一些受到妄想影響的思考方法，過去這些都曾是我的定位特點。」

儘管如此，許多經濟學家仍認為納許1948年的那篇論文是20世紀的重大突破之一。

第7章：現代電腦時代：1950年–

電腦背後的數學已經發展了很長一段時間，但史上第一批電腦一設計出來，它的能力就不斷迅速演進，並賜予數學家無邊無際的能力，不但只需要過去靠人腦計算的一小部分時間就能把複雜的計算與模擬執行完畢，而且透過像網際網路這樣的發展，還能實現遠端數學合作，速度之快也是史無前例的。

既然只要按按鈕就可以用機器來執行計算，純數學會變得愈來愈抽象又概念性也就不奇怪了。懷爾斯在解決費馬最後定理時從事的橢圓曲線（elliptic curve）研究，以及米爾札哈尼在拓樸學方面的研究，都愈來愈遠離我們在周遭世界裡看見的數學，然而他們都提供了數學裡無比美麗的結果。

1950年

相關的數學家：
艾倫・圖靈（Alan Turing）

結論：
圖靈給某個數學邏輯問題的解法，是通往現代電腦學之路上極為重要的一步。

機器可以解決問題嗎？

解決判定性問題的辦法

1936年，在普林斯頓大學攻讀博士的英國年輕數學家圖靈發表了一篇小論文，〈論可計算數，及其在判定性問題上的應用〉（On Computable Numbers, with an application to the Entscheidungsproblem）。這篇論文篇幅很短，只有36頁，而且純粹在談深奧的數理邏輯，然而它是個歷史轉捩點，標誌著現代電腦時代的發端。

判定性問題（Entscheidungsproblem）是希爾伯特和威廉・阿克曼（Wilhelm Ackermann）在1928年提出的。它拋出的難題是能不能找到一個算則，去判定已知敘述是否可以用邏輯規則從基本的公理證明出來。圖靈提出的答案，是天才之作。他並沒打算創造電腦，他只是在做數學，不過他的獨到見解清楚寫明讓電腦有可能創生的數學。

人類計算機

為了解決判定性問題，圖靈回歸本始，想要弄清楚數學家解決問題時發生的情形。這個過程是什麼？在圖靈的時代，「電腦」的英文字computer，純粹是指受雇計算稅單、天文觀測數值表等瑣事的人。可是他們實際在做什麼事？圖靈把這件事抽絲剝繭到最根本，就悟出一切只需要一組規則，僅此而已。人腦的智慧與思考能力是無與倫比的，但講到計算，你只需要一組指令。計算可以簡化成不需思考的機械化過程。

事實上，計算只有兩個層面：一個是資料輸入，另一個是該做什麼的指示。那麼，過程如果是機械化的，可不可以讓機器來做呢？他的答案是可以。只不過，你必須以適當的形式給機器資料和指令。

機器語

憑著同樣的洞見，他明白機器沒辦法「了解」任何事情，但可以對指令作出回應。這些指令的形式必須愈單純愈好——如停止／繼續，開／關。不過，利用二進位邏輯的0與1，你就能寫出可告訴機器幾乎任何事情的程式碼。

於是圖靈設想了一種假想的數學機器，控制機器的指令是一些寫在極長紙帶上方格內的0或1。紙帶捲動的時候，機器會讀程式碼，然後依此決定接下來的動作。機器會左右移動紙帶，每個時刻都在讀取紙帶上的一個符號或方格，並做出回應。它可能會略過這個符號，在方格上寫符號，把紙帶移向左或右，或是改成新的狀態。以這種方式，就可以把詳盡的指令，也就是解決問題所需的算則，按部就班地送進機器——這些指令或算則，當然就是我們現在所說的程式。

圖靈大隊

圖靈構思這部假想機器的時候，對真正的機械式電腦一無所悉。它只是回答判定性問題的一種方法，而這個問題歸結起來就是在問：有沒有一個明確的方法或程序，至少在原則上能判定所有的數學問題？

圖靈推論，若理論上能夠造出一個可做這件事的機械化過程，那麼這個難題就有答案了。圖靈的概念之美在於，只要給機器新的指令，就能讓機器做出沒做過的事——紙帶上的新區段，或是一條新的紙帶。當然，理論上的確有

可能寫出指令讓機器做任何事情，這也是圖靈的概念機後來稱為通用圖靈機（Universal Turing Machine）的原因。

正如圖靈那篇劃時代的論文開宗明義指出的：

> *儘管表面上這篇論文的研究主題〔只〕是可計算數，但要定義並探討積分變數，或是實變數或可計算變數、可計算述詞等等的可計算函數，幾乎是同樣容易的。*

換句話說，丟個數學問題給它，它就會負責解決。

做什麼都行

很顯然，複雜的任務需要很長串的指令和複雜的程式設計，但這個概念的高明之處在於，有了適當的程式，你想要機器做什麼它就能做什麼。這是對資訊本質的最根本洞見，暗示單靠資訊就足以指揮宇宙，而且也及時引發了計算革命。音樂播放器、電話、電子鍵盤、飛行控制系統及所有能想得到的電子裝置，基本上都是同樣的計算機器，只是指令和輸出不同。軟體、應用程式、程式本質上就只是圖靈假想的紙帶上的0與1長串。

為了嘗試破解由奇謎（Enigma）密碼機加密的所有德軍通訊，圖靈運用自己論文裡的想法，幫忙打造出第一批真正的機械式電腦的其中一部。當時的人認為奇謎機是無法破解的，但在1941年，圖靈的電腦協助破解了，讓英國把無數的密電進行解密。有些人認為這給了同盟國有利的條件，讓他們得以提早兩年結束戰爭，拯救上百萬人的生命。不過，真正改變了世界的，是那個純理論的圖靈機。

一隻蝴蝶怎麼會引發一場龍捲風？

關於變化莫測的數學

1963年

相關的數學家：
愛德華・勞倫茲
（Edward Lorenz）

結論：
勞倫茲指出，複雜系統中的小變化可能會造成微不足道的影響或是混沌的效應。

1972年，氣象學家愛德華・勞倫茲（Edward Lorenz）在美國科學促進會（American Association for the Advancement of Science）第139屆年會上發表一場演講，講題是：「一隻在巴西的蝴蝶拍動翅膀，會在德州掀起龍捲風嗎？」這個題目是大會主辦人菲利普・梅芮里斯（Philip Merilees）憑空想出，要引人上鉤的簡單花招，它只是在總結勞倫茲的這個論點：小事件有可能引發極大的變化。然而蝴蝶效應（Butterfly Effect）的想法真的流行起來了，而且在勞倫茲想不到的無數層面冒出來。在某種程度上它已經成了自身的隱喻：引爆一波風潮的小點子。

被曲解的蝴蝶

小差異可能帶來重大效應的這種想法，確實令人著迷。這個想法似乎突然賦予我們每個人很大的權力，大到彷彿有魔力，甚至令人恐懼。在史蒂芬金的小說《11/22/63》中，名叫傑克（Jake）的年輕人找到穿越時空的方法，回到過去阻止李・哈維・奧斯華（Lee Harvey Oswald）刺殺甘迺迪總統，一心相信這對人類會有極大的裨益。但當傑克返回現代，卻發現大半個世界已毀於一場核戰浩劫而陷入混亂之中。驚恐萬分之下，他又重回過去，讓刺殺事件發生。

然而這種貌似真實的超能力，誤解了勞倫茲的洞見。他的意思不是小結果有大衝擊，而且會像槓桿一樣把力量放大，他要說的是，複雜系統中的小事

件，帶來的效應可能很小也可能極大，而且不可能算出是哪一種結果。

預測天氣

1960年代，勞倫茲為了預測天氣，開始用電腦模型進行模擬，這個想法就是在這時候冒出來的。有一次，他把一個用於初始條件的數值從0.506127四捨五入到0.506，這看似是龐大系統裡不易察覺的微小變動，卻得出了迥然不同的天氣。

接下來十年，勞倫茲開始逐步琢磨出他的論點：像天氣這麼複雜的系統，十分容易受到起始條件左右，只要有一點點差異，可能就會對結果產生重大的影響——而且幾乎沒辦法預測情況會朝哪個方向發展。他用混沌（chaotic）一詞形容這種不可預測的系統，他的想法後來就稱為混沌理論。他的說法科學得多：

> *考慮到不可能精確度量初始條件，因而也不可能區分中心軌跡與鄰近的非中心軌跡，從實際預測的觀點來看，所有的非週期軌跡實際上都是不穩定的。*

這段平實的敘述看起來不像會讓世界天翻地覆的樣子，然而它就是這樣。宇宙是極其複雜的地方，但在牛頓引進他的運動定律之後，科學家就假定至少宇宙的行為是決定論式的，因果之間有簡單的關係，即使不一定看得到。按照牛頓的定律，一件事的發生是因為另一件事發生了。這麼一來，宇宙的未來終究是機械性地預先決定好了的，就連原子的運動也包括在內；過去發生的事件必然決定了未來。

嘗試把宇宙摸清楚

科學家與數學家認為，如果能找到合適的定律、方程式和數據，那麼就可以精準預測一切。18世紀時，皮耶－西蒙·拉普拉斯（Pierre-Simon Laplace）就主張，宇宙的字典裡沒有不可預測性，並說，如果我們了解自然界的所有物理定律，那麼就「沒有什麼事會是不確定的，而且未來會像過去一樣呈現在〔我們〕眼前。」

甚至連波茲曼引進了統計方法，加上量子力學的不確定性，都沒完全打消這個信念。但到了19世紀末、20世紀初，龐加萊（見第124頁）發現一開始的小差異對結果有非常大的影響，讓他的行星軌道計算宣告失敗。龐加萊斷定，科學家一直以來都忽視機遇的巨大影響。他並不是要質疑決定論式宇宙的想法，而是在暗示，小到可以描述成巧合的差異可能會產生重大的影響。

勞倫茲則又更進了一步。他也不是否決因果的概念，而是在說，在一些複雜的自然系統中，一個小差異帶來的效應十分不可預測，而使決定論的概念變得毫無意義。起始與結果之間的線性關係變得不可能追查，而牛頓力學中設想的線性關係根本不成立。

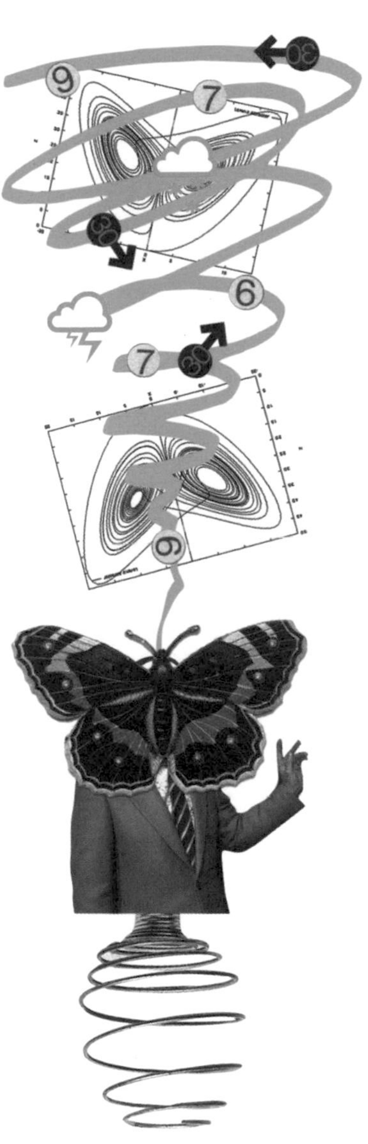

預報

所以，不論有多好的數據或方程式，氣象學家都沒辦法找出一條直線，讓他們可透過計算預測出未來。然而，勞倫茲利用很多組稍微不同的初始條件，進行平行氣象模擬，嘗試取得最有可能發生的結果的近似值。這些模擬又反過來發展成「系集」（ensemble）天氣預報方法，這種系統是運用機率組合對未來幾天做出精準的預測。

混沌理論靠著宇宙就如可怕的太初渾湯這個概念，抓住了大眾的想像力，但對科學家來說，事實證明它是更有用的理論，暗示他們如果去尋找整體的模式而非線性關係，也許就可以更了解從演化到機器人科學等等複雜的系統。

1974年

相關的數學家：
羅傑・潘洛斯（Roger Penrose）與M.C.艾雪（MC Escher）

結論：
事實證明，永遠不會重複的美麗密鋪是可能的。

用飛鏢與風箏可以鋪成什麼圖案？

潘洛斯的迷人花磚

伊斯蘭建築經常用極為美麗細緻的花磚圖案來裝飾，這樣的鋪磚模式叫做密鋪（tessellation），對數學家來說尤其迷人，因為這些模式提出了有趣的數學難題。甚至有人認為，伊斯蘭的鋪磚花樣實際上就是演算法。

但在過去半個世紀，數學家已經對密鋪要怎麼安排，以及怎麼把圖案大範圍地拼在一起，特別感興趣。這種迷戀，就和數學家對數的迷戀完全一樣，他們開始思索，能不能找出永遠不會重複的規則鋪磚，也就是所謂的非週期性鋪磚（aperiodic tiling）。

和五有關的問題

週期性鋪磚（periodic tiling）永遠會重複同樣的花樣，你臥室裡的正方形地磚就是週期性鋪磚，無論你走多遠，花樣始終是一樣的。三角形拼在一起，也會形成週期性鋪磚花樣，六邊形也是如此。數學家稱此為平移對稱（translational symmetry），意思是在上面移動時花樣永遠相同。可是五邊形連鋪磚圖案都做不成，嘗試把五邊形拼在一起，最後都會留下無法填滿的空隙。

克卜勒在1619年說明了怎麼用五角星形（pentagram）填滿五邊形之間的空隙，因此在1950年代，才氣縱橫的羅傑・潘洛斯（Roger Penrose）開始對密鋪感興趣時，他承認自己從克卜勒的研究成果得到了靈感。但潘洛斯有興趣的不只是五邊形；他關注的是對稱破缺（symmetry breaking）與非週期性鋪磚。

創造不可能的藝術家

以畫出「不可能存在」的空間聞名於世的荷蘭藝術家艾雪，也對密鋪很感興趣，他在1950年代利用緊密相接的動物形狀，完成了兩幅非週期性鋪磚的版畫作品，題為《馬賽克之一》（*Mosaic 1*）與《馬賽克之二》（*Mosaic 2*）。但超出畫框之外，讓圖案延續的唯一方法只有創造出更多的形狀。

這個時候，潘洛斯與艾雪已經彼此認識了，而且通信討論密鋪。1962年，潘洛斯去荷蘭拜訪艾雪，送給他一個小巧的木製拼圖遊戲，每片都是一模一樣的幾何形狀。令艾雪驚訝的是，這些拼圖片只能用一種方法拼在一起。這和他一直以來的信念相悖，他以為規則的鋪磚會無限重複下去。

艾雪開始絞盡腦汁思考一種不會重複的密鋪，結果在1971年終於畫出了一幅作品，畫面是由緊密相接的鬼魂形狀構成的。它確實是非週期性的，而這在他的畫作裡是獨一無二的。

五星級的表演

在此期間，潘洛斯也在利用根據五邊形而來的形狀，努力研究非週期性的圖案。他想出三套不同的圖案組合。第一套用了四種形狀：五邊形、五角星形、船形（3/5個星形）及細瘦的菱形。第三套用了菱形。但最引人注目且讓潘洛斯名氣不墜的，是他在1974年展示的第二套圖案，它只用了兩種四邊形，一種是鳶形，另一種是鏢形。

潘洛斯鋪磚有一些關於磚塊要怎麼拼在一起的規則，而對鳶形與鏢形來說，關鍵是不能把鳶形插入鏢形呈V字的那一側而拼成菱形。這兩種簡單形狀相互影響的方式，有個令人驚奇的地方。先

前大家以為需要成千上萬種形狀，才能拼出非週期性的鋪磚，可是用鳶形和鏢形的話，兩種形狀就行了。潘洛斯在1984年證明了這兩種形狀可以用無限多種排列方式，鋪在無限大的平面上，而且一次重複也沒有。

五人制

過去以為，五重（five-fold）對稱模式永遠不會存在於自然界中，但潘洛斯發現了以五為主的鋪磚之後，科學家立刻也開始發現真實世界中的例子了，不光是在平面上，也出現在三維空間中。舉例來說，晶體對稱性的標準模型，就認為五重對稱是不可能存在的。

1982年，化學家丹·謝特曼（Dan Shechtman）在分析某種晶體的時候，發現它確實有五重對稱的結構。這個結果實在太荒誕了，害得謝特曼有一段時間被眾人奚落他出錯。連潘洛斯也很意外。這是非常令人震驚的結論，因為晶體如果真的以這種方式排列，對於晶體結構的了解就得全面修正了。但事實證明他是對的，而他發現的是一種新的晶體，叫做準晶體（quasi-crystal）。

從那之後，許多像這樣的準晶體也陸續發現了，後來在2011年，謝特曼獲頒諾貝爾化學獎。很多人覺得潘洛斯也應該共同獲獎*，因為如果沒有他的非凡發現，可能就永遠不會發現準晶體了。在芬蘭赫爾辛基，有一整條街就是用潘洛斯的鳶形磚和鏢形磚鋪設的，效果十分賞心悅目。

*註：2020年10月，潘洛斯因黑洞方面的研究獲得了諾貝爾物理獎。

費馬真的找到證明了嗎？

解決費馬最後定理

1994年

相關的數學家：
安德魯・懷爾斯（Andrew Wiles）

結論：
數論裡最尖端的方法，解決了一個懸宕好幾百年的數學問題。

時間回到1637年，法國數學家費馬正埋首研讀一本古希臘文獻，也就是丟番圖在公元250年前後所寫的《算術》（見第46頁）。《算術》是數論方面的經典，費馬本人擅長數論，經常一邊讀一邊在書頁空白處寫眉批。

有一頁讓費馬特別感興趣。丟番圖在這一頁把重點放在那個關於直角三角形各邊上的正方形，因畢達哥拉斯而聲名大噪的方程式：$x^2 + y^2 = z^2$，大家最熟悉的$3^2 + 4^2 = 5^2$這個形式。丟番圖請讀者找出以這種形式表示的方程式的整數解。

這對費馬來說顯然是過時的東西，他的眉批開始探究次數超過二的類似方程式，先從三次開始：$x^3 + y^3 = z^3$。費馬匆匆記下，這種方程式沒有整數解。接著他又說明，形式為為$x^n + y^n = z^n$的方程式，事實上在次數n大於2時都沒有整數解。這是個驚人的聲明。可是費馬寫道：「我已經找到絕妙的證明，只是這裡的空白處寫不下。」然後就停筆了。

永無休止的尋寶遊戲

對後世的數學家來說，這段眉批裡的暗示極其撩人，就像在說你已經找到海盜黑鬍子（Blackbeard）的藏寶地點，可是沒留下地圖。有些人甚至認為他在瞎掰，或者充其量也不過是找到了有瑕疵的證明。費馬在這本書裡還有別的眉批，但都逐步證明出來了，唯獨這一個抗拒所有人的挑戰，所以後來稱為費馬最後定理。證明（或推翻）費馬最後定理成了數論學家夢寐以求的終極目標，儘管尋覓工作徒勞無功，即使這個謎團只是讓數學家很興奮，卻激盪出數論領域的許多重大進展。

有一則故事特別具有戲劇性——可能是真的，也可能不是——說到保羅．沃夫斯克爾（Paul Wolfskehl）這位有錢的德國實業家暨業餘數學家，一心想要自殺（有人說是為了某個女孩），決定午夜時朝頭部開槍。但他在舉槍自盡前去了圖書館，開始看恩斯特．庫默爾（Ernst Kummer）探討費馬最後定理的論文。他注意到一個錯謬，立刻就一頭栽進去，想找出自己的解法，結果錯過了與死神之約。無論是真是假，在他1906年去世時，把10萬馬克遺贈給第一個證明費馬最後定理的人。

一個小男孩的探索

儘管有這筆獎金的額外誘惑，仍舊沒有人解決謎題，而到了1963年，有個熱愛數學、名叫懷爾斯的十歲男孩，從劍橋當地的圖書館借了數學家艾瑞克．坦普．貝爾（Eric Temple Bell）談這個問題的一本書。貝爾悲觀地預言，人類可能會在有人解決費馬最後定理之前，就被核戰毀滅。想當然，小小年紀的懷爾斯立刻下定決心，要證明他錯了。

懷爾斯大約耗費30年證明這件事，最後在1994年，舉世震驚之下，他成功了。懷爾斯的證法，來自兩位日本數學家谷山豐（Yutaka Taniyama）與志村五郎（Goro Shimura）幾年前才提出的猜想，他們的想法把橢圓曲線和模形式（modular form，和正弦及餘弦函數很像的函數）聯繫起來；橢圓曲線就牽涉到三次方程式。雖然沒有人能證明這個猜想，但它已讓大多數的數學家充分信服，認為可以由它啟發出其他的成果。

意外的轉折來得正是時候

到了1986年，懷爾斯已是普林斯頓大學教授，同為普大教授的肯．黎貝（Ken Ribet）以德國數學家蓋哈德．弗萊（Gerhard Frey）的研究為基礎，做出了谷山－志村猜想（Taniyama-Shimura conjecture）與費馬最後定理之間的驚人關聯。黎貝根據費馬方程式的一個假想「解」，作

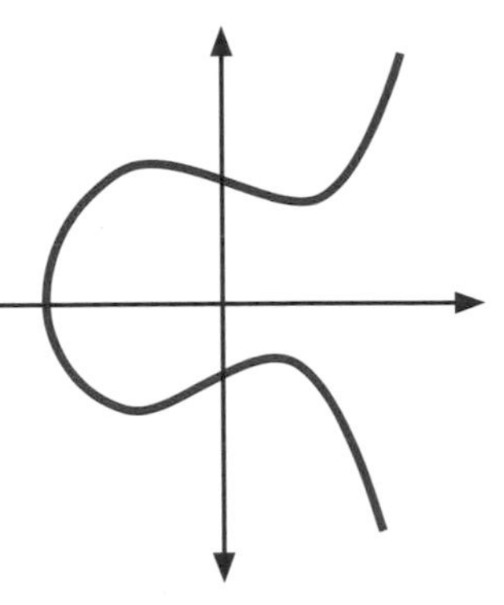

出了一條橢圓曲線，這可能會和谷山－志村猜想相矛盾。如果證明是對的，那麼費馬（及谷山－志村）就錯了，但若有人可以證明谷山－志村猜想，那就幾乎證明了費馬最後定理。

已經差不多要放棄的懷爾斯，精神為之一振。先前他也一直在從事橢圓曲線的研究，現在他看出一條通往目標的途徑。他祕密行事，只把這件事告訴妻子。他的方法是鎖定特定的橢圓曲線，如果能證明這一類的橢圓曲線在無限多種情形下都有對應的模形式，他就會證實谷山－志村與費馬的關聯，然後找到最終的證法。

即使在證明這個很小的情況上，都需要想出一些巧妙的新工作方法。七年後，他總算有所突破，決定於1993年6月23日在家鄉劍橋的學術會議中公開。他把自己的論題一步步展開，與會者都聽得入迷了。他以這句話總結這個驚人的消息：「這證明了費馬最後定理。」他露出微笑，然後又補了一句：「我想我就講到這裡為止。」

橢圓曲線

彌補缺陷

媒體頓時欣喜若狂，但隨後懷爾斯在驗證篇幅長又複雜的證明，準備按慣例送交鑑定人的時候，發現了一個缺陷。為了證明這個論證在無限多種情形下都成立，他只需證明一個已證明的情形必然推導出另一個，就像骨牌效應一樣。問題是，事實不是如此。懷爾斯崩潰了，他不但終究沒有戰勝費馬這個魔鬼，竟然還向全世界宣布他戰勝了。

懷爾斯回頭鑽研，想修正這個錯誤，這件事他只有告訴他以前的學生理查・泰勒（Richard Taylor）。1994年9月19日，他忽然靈機一動，如果這個錯誤不是漏洞，而是得到證明的途徑呢？很快就證明正是如此，懷爾斯總算可以把他的成果送交出去，接下來三年由他的同儕確證。1997年6月27日，懷爾斯終於領到沃夫斯克爾獎金。

2014年

相關的數學家：
瑪麗安・米爾札哈尼
（Maryam Mirzakhani）

結論：
米爾札哈尼的獲獎研究，對彎曲面的運作方式提供了突破性的洞見。

物體是怎麼彎曲的？

黎曼曲面的動力學

已故的米爾札哈尼在2014年獲得有數學界諾貝爾獎之稱的菲爾茲獎，她不僅是這個獎的第一位女性得主，也是第一位伊朗籍獲獎人。她在2017年去世的消息令數學界震驚又悲傷，世界各地的人士紛紛對這位天才表示哀悼。

米爾札哈尼的研究興趣是完全假想的高等數學：是沒有明顯實用價值的數學，卻又是極致的智力挑戰。這種數學把想像力發揮到極限，或許假以時日可以讓我們深入了解真實世界。

彎曲面

激發米爾札哈尼興趣的是抽象彎曲面（curved surface）的幾何結構與複雜性質。你可以在電腦上把這些曲面做得像實際存在的熟悉形狀，如球體、馬鞍形、環形。不過，曲面也可能複雜許多，在空間中歪七扭八，往各種方位旋轉時也會展現形狀的不同面貌。在螢幕上做出這些曲面的時候，往往帶著閃爍繽紛的七彩，表面還有方格。這些色彩與方格都在指出它是什麼東西——複變數（complex variable）函數的圖形。方格的作用很像普通函數圖形的坐標，但不斷變化的顏色也在標示不斷變化的函數值。

黎曼的投影

這些曲面的構思，是19世紀的德國數學家伯恩哈德・黎曼（Bernhard Riemann）引進的，目的是為了用幾何方法處理分析學中的複雜問題，因此叫做黎曼曲面（Riemann surface）。黎曼沒有色彩繽紛的電腦模擬可用，但概念上是一樣的。這些假想的曲面是在同時繪製出複數的實部與虛部，以及複變數函數的實部與虛部。

就某些方面來說，這些曲面比較像反過來的地圖投影，而且有些基本幾何想法最初是在16世紀，由傑拉杜．麥卡托（Gerardus Mercator）發展出來的，那時是他第一次嘗試找出一種方法，把地球的球面準確「投影」到平面的地圖上。麥卡托投影的關鍵在把地球上的緯線與經線改成平面地圖上的方格，可是緯線與經線都是彎曲的，而且經線還會在南北極交會。黎曼曲面很像反向的地圖投影，是把來自複數平面的值投影到曲線上。

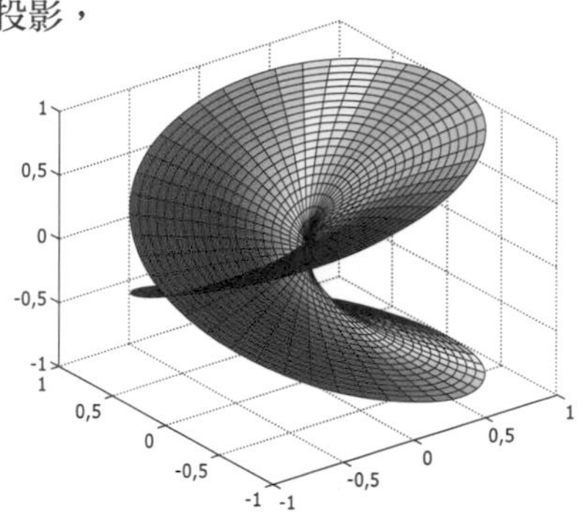

函數 $f(z) = \sqrt{z}$的黎曼曲面

黎曼創造這種以他命名的曲面，是為了發展高斯對於測地線與曲率的想法；測地線（geodesic）就是彎曲面上兩點之間的最短距離，而曲率（curvature）是指一個曲面相較於歐氏幾何平面的彎曲程度。黎曼想創造可把許多變數同時繪製出來的多維空間，變數愈多，需要的維度也愈多。透過這種方式，黎曼運用多維流形（曲面）的概念以及在度量（metrics，圖形測度）下定義出的距離概念，為現代的微分幾何學打下了基礎。

畫出數學

米爾札哈尼就是在探究這些數學曲面，利用令人暈頭轉向的新方法去思索。她的卓越才能是運用黎曼曲面和模空間（moduli space），想像出新穎又非常有創意的解法。米爾札哈尼會坐在地板上，在非常大的紙張上畫出自己的想法，她的小女兒阿娜西塔（Anahita）看了就會大叫：「噢，媽咪又在畫畫！」

透過這種方式，米爾札哈尼建立了尋找測地線的新方法，研究質點在不同彎曲面上流動方式的動力學——想像一下撞球沿著雪車滑道或馬鞍形、球形或甜甜圈狀（數學家把這種環形稱為環面〔torus〕）表面滾動的情形。然後她研究了撞球在多邊形的球桌上可能會怎麼反彈，這可能會讓我們對氣體運動有重要的了解。

雙曲面上的測地線

米爾札哈尼的其中一個重大成就，是她對雙曲（馬鞍形）曲面上測地線的研究。數學家已經知道，這種曲面變得愈長，測地線的可能總數會呈指數增加。但米爾札哈尼發現，若排除相交的測地線，總數反而以多項式（polynomial）的形式增長，這就讓她發展出牽涉到多項式係數的複雜計算公式。開創出弦論的傑出美國物理學家愛德華·韋頓（Edward Witten），就利用了米爾札哈尼的公式，對令人興奮的弦論物理學做出很關鍵的新貢獻。

米爾札哈尼的研究成果已經對數學產生很大的影響，往後可能也會在工程學、密碼學、理論物理學，包括宇宙起源的研究方面，帶來新的發展。

盾片狀是什麼形狀？

發現新的形狀

2018年

相關的數學家：
裴德洛．哥梅茲－賈維（Pedro Gómez-Gálvez）等人

結論：
研究上皮細胞的研究人員知道，這是一種以前從未觀察到的形狀。

2018年，新聞標題寫著：「科學家發現新的形狀！」它激起了每個人的好奇心。報導來自《自然通訊》（*Nature Communications*）期刊上的一篇文章，新聞裡提到的科學家是裴德洛．哥梅茲－賈維（Pedro Gómez-Gálvez）帶領的數學家與生物學家團隊。

原來，這群生物學家在研究上皮細胞的構造；上皮細胞就是構成表皮與消化道內膜的單層或多層細胞。他們在仔細檢查時發現，這些細胞的形狀和他們預期的不太一樣。過去生物學家都以為這些細胞是六角柱（hexagonal prism）狀的——也就是底面為正六邊形的柱體（就像用剩的鉛筆頭）。在細胞生長的過程中，這樣的形狀會整齊地排列在一起，形成強健且不透水的上皮細胞層。

當然，這些細胞層必須彎成各種形狀，才能轉彎以及隨著弧形的骨頭彎曲。可是生物學家以為，背後的原因在於六角柱的其中一端變窄，讓細胞在此處排列得比另一端緊密，有如羅馬拱門上的磚塊一般。這種有點像錐狀、變窄了的角柱，就叫做錐臺（frustum）。預期看到這種形狀，是再自然不過的事，畢竟蜂巢就是這樣排列的。

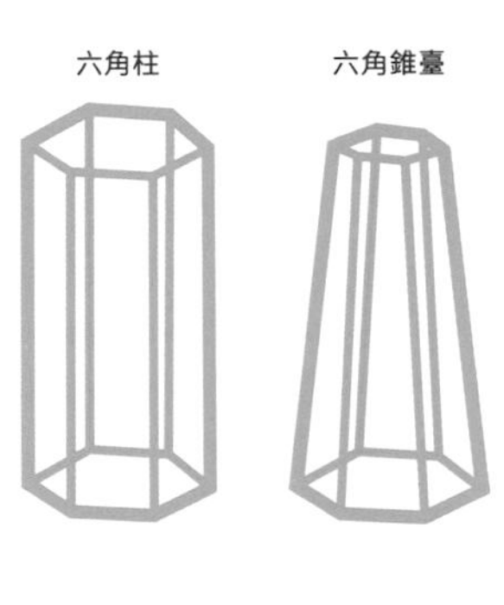

擬柱體

盾片狀

奇怪的面

然而這些生物學家注意到，果蠅胚胎的上皮細胞生長時，其中一端有時會在某些角落收縮，以便換個方式和鄰近細胞接觸。他們不太明白角柱要怎麼做到這一點，所以請來一個數學家團隊。這群數學家的研究興趣是三維空間中的鋪磚模式，想必可以給個答案吧？結果這項任務比這些數學家預期的困難多了，他們熟悉的形狀似乎都不符合要

求。他們做出電腦模型，意識到除非表面在每個方向上都以同樣的方式彎曲，錐臺才行得通。但隨著上皮細胞生長，它們彎曲、變形、折疊成各種形狀，這些細胞內外側的兩端接觸到不同的相鄰細胞，若換成是角柱，就必然會接觸相同的相鄰細胞。細胞順著面與邊緣緊密排列，可是需要能量來建造並維繫這些邊界，細胞間的接觸面積愈大，必須消耗的能量也愈多，因此所需的面愈小愈好。

y字形邊線

最後這些建構模型的數學家明白，最好的答案是，當這個形狀的其中一條邊的最上面斜切出一個三角形，這樣細胞的角落就不是單條垂直線，而是y字形的線。這不是很容易想像的形狀，不過你如果想到了用剩的鉛筆頭，那麼把其中一角斜斜削掉，就是類似的東西了。

這種形狀的美好之處在於，除了兩端的隅角數目不同，那個三角形切面也讓細胞以很多種不同的走向緊密排列在一起。這種形狀非常適合堆積與節省能量消耗。

對這些從未見過這種形狀的數學家來說，這是一項令人振奮的發現。如果自然界真的用這種方式把細胞排列在一起，那它一定是很重要的形狀，而這種堆積方式一定也代表有某些很有趣的數學性質尚待發現。畢竟，細胞都以這種形狀生長發育，其中必有原因。

甲蟲箱

這些科學家決定把他們發現的新形狀命名為「盾片狀」（scutoid），主要是因為它很像某種甲蟲，不過也有人說，這是在向研究團隊裡的路易．艾斯庫德洛（Luis M. Escudero）致敬。但在做出完美的數學形狀並命名之後，他們必須知道這會不會只是個推測。

於是他們在自然界裡尋找盾片狀，結果找到很多。他們透過顯微鏡觀察時，突然看見了這個想必已見過無數次，只是一直沒有辨認出來的形狀。他們在個別的上皮細胞中看見了盾片狀，這些細胞分裂、集合、彎曲、折疊而形成了唾腺與卵室。

尋覓盾片狀

尋找盾片狀的活動才剛開始，但每個人都期待找到更多的例證。說不定人類自己就是由盾片狀組成的，也許有些看似六邊形的蜂巢其實也是盾片狀組成的。從幾何學的角度看，存在於自然界的盾片狀，當然不會像這些研究人員用電腦創造出來的那麼工整端正。它們經過了擠壓、拉長、弄彎、扭曲——而且每一個當然隨時都在變形。但毫無疑問的，它們是真實存在而且很重要的形狀。

有些看法認為，這種形狀可能可以幫助實驗室人員培養出人工器官和組織。3D列印的盾片狀或許可以組成某種支架，上皮細胞能夠在上面生長並自行組織起來，讓它依照理想的形狀更快生長。誰知道數學家開始探究這種新形狀的數學之後，還會有什麼發現？沒錯，這個形狀有點眼熟，但如果它在自然界裡真的這麼常見，那麼它一定還有很多事情可以教我們。

名詞解釋

算則、演算法（algorithm）——供解決問題的一系列步驟

公設、公理（axiom）——不需證明就視為是正確的初始敘述，從這裡可以推得進一步的結果

底數（base）——當作數字系統基礎之用的數字，因此是這個系統使用到的數字的個數

二進位（binary）——以2為底數，只使用到0與1的數字系統

微積分（calculus）——衡量變化的數學分支

係數（coefficient）——在代數中，出現在代數式裡的某個變數前面，與那個變數相乘的常數或數，例如4x中的4

猜想（conjecture）——根據還未證明或推翻的不完整資訊而構成的數學命題

碎形（fractal）——局部放大後與整體呈現相同模式的形狀

流體動力學（fluid dynamic）——研究液體和氣體行為與流動的領域

虛數（imaginary number）——表示成i這個量（即-1的平方根）的數字

無窮小（infinitesimal）——比什麼都沒有大一點點的最小值

整數（integer）——包含正整數、零與負整數

無理數（irrational number）——不能表示成兩整數比的實數

對數（logarithm）——表示一個數必須自乘多少次才能得到另一個給定數的那個數字

邏輯（logic）——運用代數與代數規則表達某個命題並協助推理的過程

數論（number theory）——關於整數研究的數學分支

位值（place value）——某個數碼代表的值由它在數字裡的位置來決定的系統

多邊形（polygon）——至少有三條邊的形狀

質數（prime number）——只能被1與它自己整除的數

證明（proof）——說明某個數學敘述正確而得到某個定理的過程

二次方程式（quadratic equation）——最高次數為2的方程式

六十進位（sexagesimal）——用60當作底數的數字系統

統計學（statistics）——關於整理和解釋資料的數學分支

定理（theorem）——已經得到證明的命題

理論（theory）——解釋並形成某個數學分支的一套原理、敘述與定理

拓樸學（topology）——一個數學分支，在研究形狀變形之後仍保持不變的幾何性質

索引